U0331874

中国厨房协同创新设计工作坊

China Kitchen Collaborative Innovation Design Workshop

——城市年轻人的生活方式与厨具新概念

The Lifestyle of Young People in Cities and the New Concept of Kitchen Utensils

蒋红斌 孙小凡 编著

清华大学出版社
北 京

图书在版编目 (CIP) 数据

中国厨房协同创新设计工作坊：城市年轻人的生活方式与厨具新概念 / 蒋红斌, 孙小凡编著. — 北京：清华大学出版社, 2017
ISBN 978-7-302-48786-9

Ⅰ. ①中…　Ⅱ. ①蒋…　②孙…　Ⅲ. ①厨房 – 设计　Ⅳ. ①TS972.35

中国版本图书馆CIP数据核字（2017）第272886号

责任编辑：冯　昕
封面设计：师灿文
责任校对：王淑云
责任印制：李红英

出版发行：清华大学出版社
网　　址：http://www.tup.com.cn，http://www.wqbook.com
地　　址：北京清华大学学研大厦 A 座　　邮　　编：100084
社 总 机：010-62770175　　邮　　购：010-62786544
投稿与读者服务：010-62776969, c-service@tup.tsinghua.edu.cn
质量反馈：010-62772015, zhiliang@tup.tsinghua.edu.cn
印 装 者：北京雅昌艺术印刷有限公司
经　　销：全国新华书店
开　　本：178mm × 228mm　　印　　张：15.5　　字　　数：260 千字
版　　次：2017 年 11 月第 1 版　　印　　次：2017 年 11 月第 1 次印刷
定　　价：128.00 元

产品编号：077736-01

致谢

广东省顺德区北滘镇政府

广东工业设计城

序

当今社会对设计的需求已不限于对单个产品的造型、色彩、材料的改进，它已突破传统的“物”的范围，开始对整个社会的复杂系统负责。“设计”的功能已被提高到经济管理、社会管理和人类未来生存方式的高度上来了。设计的要求使设计教育的责任和任务也与生活方式、产业结构、生态平衡、生存环境和伦理道德紧密相关。

设计是为了发现、分析、判断和解决人类生活发展中的问题。人类进步的每一个里程碑都是对自己认识水平的否定，是从不同角度、不同层次对已被认可的“名”“相”的否定。

如何认识“厨房”？厨房是家庭生活的缩影，伴随着经济水平、生活观念的变化，中国厨房在30年中发生了巨大的变化。厨房在相对集中的空间内反映着工业、制造、设计和科技的发展水平。

20世纪70年代，人们下班后要先点煤球炉烧水，洗菜淘米，那时候的厨房印象就是油污脏、油烟呛。随着住宅的改善，橱柜集成式的厨房推广开来。而近几年现代人生活节奏加快，互联网又提供了外卖、配送等服务，家庭做饭用餐更加追求效率，厨房已经不再是主妇的专属，家人之间交流分享的需求凸显，厨房成为家庭中心的趋势逐渐显现。

中国的生活方式是怎样的，中国厨房应该如何设计，这是中国厨房协同创新设计工作坊持续6年的主题。对厨房的认识绝对不是过去大家庭的延续，也不是厨具繁多、豪华奢侈的西式厨房，我们的设计理想是走自己的路，设计中国的生活方式。

在这一共同的设计理想基础上，由广东省经济和信息化委员会、清华大学艺术与科学研究中心设计战略与原型创新研究所牵头的“中国厨房”设计联盟成立了，由广东厨房行业的领头企业、设计院校、协会组织、工业设计机构组成，通过创新协作模式，开展以“中国厨房”为对象和课题的设计基础研究，解决产业设计创新面临的共性课题和难题，逐步形成行业设计标准，从而形成更良好的产业发展环境。中国厨房设计工作坊是“中国厨房”设计联盟的重要成果之一，也是清华大学艺术与科学学术月的重要组成部分。

经过六年的组织工作，中国厨房工作坊在组织方式上走出了自己的特色，积累了大量以产学研协同创新为基础的设计成果。工作坊重视前期的设计研究工作，各学校团队在当地展开用户研究和现场调研，在真问题、真情景的基础上做设计提案。工作坊强调产学研的协同创新，集合各方的功能与资源优势：广东顺德的家电优势产业集群，广东工业设计城的设计孵化基地，国内外顶尖设计高校的设计研究力和青年设计师的观察力、创造力。中国厨房设计工作坊的设计调研和设计成果，为行业提供了前景设计和基础研究信息，已经取得相当的社会效应。

厨房不仅仅是简单的生活空间，它其实是当时所处的社会关系、生活方式的一个“镜像”。它在诉说着我们是谁，我们如何生活，以及我们之间的不同。本书的出版一是对中国厨房设计工作坊的组织创新和设计成果进行总结梳理，二是作为高校、企业、产业、园区等多方协同创新的结果，为厨房基础研究搭建信息共享、交流的桥梁，启发师生、企业进行深层次的思考和研究。

清华大学艺术与科学研究中心
设计战略与原型创新研究所所长
清华大学美术学院责任教授
柳冠中
2017 年 10 月

前言

随着中国现代化进程的全面崛起，设计学对中国社会的建设越来越体现出作用与价值。围绕当今中国设计的科学发展而开展的学术活动，首先应该注重理论联系实际和实事求是的精神与思想。将学术活动的主题、学科发展的目标与整个社会发展战略的要求相一致起来。

找到真问题、探索真学问，是当下中国设计学术活动的真难题。目前，许多高校组织的学术活动，多以邀请国际友人先发表若干场言论，之后，再由一两位有现任行政职务的中方代表发表一下自己的言论而告终。论坛的主题多视当今国际流行的趋向而定；内容多以他国学人自己的立场和关心的议题而展开；架构上则是一派冠冕堂皇和国际一流。这样的活动，基本上是只问别人，不问自己；国际上讨论什么，我们就学问什么；外国在推动什么，我们就论坛什么。我们不禁要问，不思考当今中国设计发展的真实问题，这样的论坛意义几何？不探索当今中国设计与社会发展相联系的难题，这样的活动价值又有多少？

清华大学艺术与科学学术月系列活动一改这样的做法，将设计的学识与学术的内容联系在一起，策划的主题都来自于各个专业领域的现实问题和真实难题。研究的内容与组织的方式都力求与当今中国社会发展亟待探索的难题相结合。时代正在飞速进步，今非昔比的中国设计，也早已过了全面引进的初级阶段。设计的学问应该从本国社会的发展中诞生，用现代的科学研究方法去探索本地区、本国家的实际问题。以此为基础，才有可能和能够展开国际交流与对话，学术也才有了真正发表的意义和价值。学和问才能够真正落实在这块正在日新月异变化着的热土之上，从而做成中国人自己的设计学问。

“中国厨房协同创新设计工作坊”是清华大学设计战略与原型创新研究所承办的、清华大学艺术与科学学术月系列活动的一个重要组成部分。本设计工作坊的组织，秉承设计创作的关键不在于创新，而在于建设设计创新的依据这一理念。在组织方式上，强化了设计研究的延伸性和持久性。将工作坊分为一个时间跨度为 120 天以上的，共由三个段落组成的创作过程。第一个段落，是基于组织者们的协同与计划。将计划的专题细分成二级主题和提示关键词，把笼统的大题目，分解成活动发起者、组织者和参与者都能清晰解读的专题。此阶段主要基于产业、企业界的沟通与策划，为时两个月。第二个段落是基于参与者群体的沟通与预备性研究。这个阶段是本工作坊的关键特色。将主题与参与团队整体交接，并适时展开设计调研，各个参与工作坊的团队对研讨的主题作充分的预备性研究。此阶段为时四个月。第三个段落，是工作坊的现场组织。在组织的方式上，不仅做到循序渐进和有条不紊，同时大力深化了设计协同创作的资源汇集度，即，不但团队与团队之间展开协作，同时，将各个团队的入驻工作地协调在当地设计园区的诸多设计公司里。

这样做主要出于以下几点考虑：首先，从利于本学科最基本、基层和基础的建设出发，来锁定和探讨专业性问题，以及组织专业学者广泛参与。做到学术、学问、学科、学人和学业五者相协同。在活动的最终成果上，力求以学科规范的国际标准来呈现给学界与全社会；在活动的主题上，力求与探索中国社会最具战略性的基础问题相联系来反哺产业；在活动的内容上，力求能够掌握独特的一手资料来深入开展研究以锁定未来的趋势；在活动的组织上，力求高度连接实际生产和实业，将设计事业和设计学业联合在一起，相互促进和相互支撑。其次，设计的社会组织能力，是衡量一个社会是否具有设计能量、是否具有设计的群众基础的一个标杆。放眼世界各个创新先进国，其设计的社会性组织活动都活跃而多样。英国以伦敦为中心，辐射整个欧洲的设计会展和主题活动，每年都在几十种以上。并且，近十年来，越来越多的设计活动都是多维度的、跨领域、跨专业的综合性活动。活动的平台也从学府、会议厅走到了地区中心，甚至是整个都市和周边的几个城市联动。德国、法国、比利时，以及北欧等国此类社会性设计活动更是活跃而多元。北美和日本亦是如此。当然，我们这里不是要人云亦云、东施效颦，而是要说明，设计的社会化组织是设计事业在一个社会中自我成长的必然途径。社会活动释放给社会群体很多信息，无论是组织者还是参与者都将从中获得感染和启发。

北滘是广东工业设计城的所在地，是中国改革开放之后“中国制造”产业带的核心地区之一。持续7年的“北滘论坛”，其战略意义就是要将中国工业设计的学问与中国实际产业发展的前沿联系起来；将工业设计的研究和学术内容，与中国实际的企业转型和产业升级战略性地联系起来。我们知道，一个事物想要获得时代的认同，动员全社会可能的力量来引发发展是一种生态意义上的探索。从社会学的角度来看，全体社会成员对某个文化意志的认知，将直接反馈为这一意志在该社会的影响力和认同度。也就是说，中国设计的健康成长，离不开全社会因素的动员、支持、普及和深化。从经济学角度来看，和平时代的现代社会发展，深刻依赖文化消费观念的建设与改变。人们的价值观念在实现了基本的健康生活之后，经济动力均倾向于精神层面是个必然。设计的价值，不再是创造无节制的物质消费产品的工具，而是探索更符合可持续发展要求的生活方式和产品系统的新组成。从上述因素综合来看，“中国厨房协同创新设计工作坊”设计活动，是否能够放置到一个全社会的价值认同体系和环境中考察将十分关键。一方面，可以从设计学角度来检验和反馈这个社会对设计创新的接纳机理。另一方面，对推动中国设计园区这样的社会创新平台建设具有深远价值，对中国创造是否能够获得设计创新企业的认同的机制研究具有价值。进而，由于设计专业的独特性，尤其是工业设计专业的独特性，“中国厨房协同创新设计工作坊”的组织方式和工作成果，都会作为一种设计研究与社会主体经济之间达成闭环的目标而获得根本动能。这是融合了社会主体经济和产业集群的中国设计推动方式。这样的探索应该十分有利于设计在当地社会的影响力和推动力建设。营建这样的氛围，既是一种呈现，也是一种检验，能够非常清晰地反映设计文化和设计发展的组织要求和机制建设。

设立中国厨房作为“清华大学艺术与科学学术月北滘协同创新设计工作坊”的主题，正是出自上述的各个方面综合考虑而成。是在学术、学问、学科、学人和学业等方面达成高度的协同，在产业、企业、事业、专业和学业等方面建立有机联系的一种探索和实践。希望通过近十年的不断持续努力，能够为中国设计事业的科学发展作出有益的探索和贡献。

编著者

2017 年 10 月

目录

第一单元

工作坊的缘起

2016' 第六届中国工业设计北滘论坛
协同创新设计工作坊
Collaborative Innovation Design Workshop

为中国生活而设计
——柳冠中

编　者：厨房设计工作坊已经持续了 6 年，您作为发起者和带头人，举办工作坊的背景和初衷是什么？

柳冠中：举办工作坊的初衷，是实现走自己的路、为中国生活方式设计的设计理想。中国的生活方式、中国厨房到底是什么，从表面上看，八大菜系、美食文化只是属于少数人的，是旅游、宣传、商业的。

最近这二三十年来，中国人的生活发生了巨大的变化，我们整个的社会环境在发生变化。不再是过去八口人、六口人的大家庭，现在的家庭变成了以 80 后、90 后、00 后为主，都是三五口之家。再加上现在大家都很忙、生活节奏加快，每天下班回来已经很累了，买菜、做饭、烹、炒、炸这些工序太复杂了。年轻人真的每天回来去买菜做饭么？早饭一般都匆匆忙忙，午饭一般都在单位吃，晚上有可能累了一天了，有外卖、有超市、有成品、有半成品。像北京、上海或者广州这样的大城市，连春节都不在家里过了，都到宾馆酒店去过。未来中国的生活方式还会继续变化，虽然传统不会变，还是用筷子，毕竟生活节奏决定了我们不可能花这么多的时间去做饭。这并不等于中国的饮食结构变了，而只是饮食方式会变。

在 21 世纪初，我所在的清华美院与香港理工大学、筑波大学、韩国的 KAIST 合作一个关于筷子设计的项目，十几年前我们就大胆地提出未来厨房的概念：既不是高级餐厅，也不是自助餐厅，更不是大排档，而是一家人在周末、节假日时一起去到一个地方聚餐，每人有一个拿手菜，到现场的超市采购这道菜需要的食材，接着交给餐厅中央的服务台，进行处理，如清洗、切块、腌制等工序。在餐桌旁边就是厨房灶台，在这里，家人朋友可以交流厨艺，我们可以看食谱，可以聊天、沟通感情，同时大家学会了中国家常菜的烹饪方法。当时我们这个方案就叫做“饮食工作坊”。就是一边做着、一边吃着、一边玩着、一边交流着情感。

晚饭前后的三四个小时，可以说是一个家庭最宝贵的时光。白天家人外出上班、上学，回到家里的理想场景应该是其乐融融、相夫教子。而不是妻子一人在油烟里做饭，丈夫看手机，孩子玩游戏。可以去创造一个都可以参与备餐的环境，在这个过程中家人的交流就会很自然，而不是饭桌上教训、说辞。现在年轻人家装时尚都是买意大利厨房、德国厨房，确实很精致，各种工具齐全，但是我们中国的厨房还是盐少许，一双筷子，一把菜刀，什么都解决了。

编　者：厨房设计工作坊举办的契机是怎样的，哪些力量在支持它？

柳冠中：中国未来的厨房既不是高级厨房，也不是现在外国的厨房，而是起居室和厨房的融合。90 后、00 后的生活方式更加高效，更加呼唤家庭的融聚，厨房的定位一定会随之发生根本性的变化。这就是我们当时的设想。有了这个想法后，同当时广东工业设计协会的胡启志谈，他们也非常认同，接着报给了广东省经信委，因为与广东家电产业密切相关，时任广东省委书记汪洋得知这个消息后十分支持，在他的推动下，成立了广东“中国厨房”设计联盟，以清华大学艺术与科学研究中心设计战略与原型创新研究所为主，再加上广东省工业设计协会、广东省厨房行业的领头企业，组建了“中国厨房”设计联盟。联盟成员是一个集合了产学研政的交叉结构，而不是单一的都是橱柜企业，我们想形成一个联盟，一个关于厨房生活的产业链，因为中国未来厨房的概念不可能就是一种，或某一件家电产品。整合行业资源，就需要研究先行了。开展以“中国厨房”为对象的设计基础研究，通过创新协作模式，提高设计基础研究成果的推广和应用的有效性和广泛性。我们就要研究中国的年轻人，通过举办厨房工作坊，探索未来的生活和设计。

清华大学艺术与科学研究中心设计战略与原型创新研究所提出厨房联盟和工作坊后，得到了大家的支持和响应。特别是万家乐、华帝、东方麦田等家电企业和设计机构积极参与、支持、共享。同时我们的项目吸引了广东设计城研究院开展厨房研究工作，有吴志军等优秀博士后顺利出站，积累了大量的研究资料。

编　者：从建立之初就感受到中国厨房工作坊非常独特，既是由高校：清华设计战略与原型创新研究所来牵头，但是又能走到设计一线，到产业的一线。

柳冠中：我们的工作坊的组织就是这样，设计院校的老师带着学生团队，广东省工业设计协会与广东工业设计城提供场地和平台，协调企业、设计公司进行技术、市场和设计经验的支持，厨房联盟最后来评价、打分，所以学生得到的信息和反馈是比较完整的、综合的。

工作坊的方案不是无源之水。在正式入驻广东工业设计城之前，参加的院校要进行三四个月的前期研究，就根据当年的主题去调研当地的人们在厨房是怎样生活的，他们怎么备餐、饮食、收纳的，这八个团队带来了很多信息，他们提供了中国未来的尤其是年轻人这一族的生活现状。普通的工作坊就是三两天的时间出一个方案，但是我们的工作坊投入近半年的时间做设计研究和调查，在这个基础上大家在一起碰撞。工作坊现场有两个指导专家，德国的 Justus 教授和中国的石振宇教授。来带领大家进行整合。

编　者：柳教授是整个活动的总策划和发起者，同时还是我们的评委会主席，见证了几年来同学们设计方案的答辩，您有没有感受到有大方向的变化?

柳冠中：刚开始同学们就是做概念，畅想未来年轻人的生活应该是什么样，年轻人的优势、创意思想发挥出来了。有些企业说很好，我们要的就是这个。而有的企业就从眼前的利益出发，认为你们做得不够深入，三四天时间不能具体到结构工艺都做完。

但是我们思路慢慢清晰：每一个企业有自己的要求，他明年的产品是怎样的，那是他们企业研发部门要做的事，并不是工作坊要做的事。工作坊是要做五年十年以后的事情。企业的态度就发生了明显的变化，刚开始的评价很多就是同学们的方案比较理想化，作为企业的设计总监他希望能马上变成一个现实的产品。通过一个逐渐的过程，学校的积极性也提高了，企业也收获到了新思路和新信息。从今年开始我们要解决生活水平比较一般的用户的厨房改造，引导他的生活往合理方向发展。我们的工作又往前推进了一步，就是大众家庭的厨房是怎么样的，而不是把外国的抽油烟机、冰箱、洗碗机拿来。是解决中国人自己的生活问题。

编　者：您认为现在工作坊组织状态和您最初的设想相符合吗，是否超越了最早的预期？

柳冠中：一个新的概念、观念的转化需要过程，通过这七八年的努力，已经有所迈进，但毕竟中国的企业要转型，这个过程还是很漫长的。但是明显感觉到厨房联盟的成员开始变得很积极，而不是像过去那样抱着怀疑的态度光想着自己的利益。他们明显感受到了工作坊的意义和价值，认同中国未来的生活绝对不仅仅是外国厨房的引进，也不是现在的厨房的改良。尤其是现在年轻人刚毕业以后不可能固定在一个城市，小型的厨房、可以移动的厨房，也是我们研究的课题之一。

工作坊题目的选定也是随着中国人的生活需求不断变化，认识逐渐加深，90 后、00 后将来是消费的主角，去研究他们的需求，他们生活的演进。就像家具，要研究家，不能光做具。那么厨房的主人、这个家庭是什么样的，生活方式的改变，决定中国未来厨房的发展趋势。

编　者：接下来就是展望了，柳教授对于下一个周期的这个工作坊的运行和组织方式有更具体的期待吗？

柳冠中：这是一个长期的、长线的项目，厨房工作坊每年都在做，我们每年都有三四个月的预调研。同时我们还有一个具体的支撑，就是跟某一个企业合作，专门研究中国人操作的尺度问题，找出一些规律，不见得就像外国厨房一样，完全是同一个高度的平台。从中一定会出现中国人自己的新的厨房元素。因为系统变了，把人为的系统研究透了的话，我们就敢大胆地改变。

我们希望将来在三五年之后中国自己的厨房标准能够出来，不只是一个尺度上的标准，包括流向、布局等，再加上人和人的交流交互，用户心理上的研究。现在第一步，刚刚出版的《捕捉痛点：大师眼中的中国式厨房》就是在厨房人机尺寸上的研究成果，工作坊的成果集作为年轻人的生活研究和厨房概念的展示，提供未来厨房设计的更多可能性。

中国家庭生活的演变绝对不是过去的所谓大家庭的延续，包括饮食、起居、卫浴、睡眠等各个方面。再过三五百年，就像我们看过去的四合院觉得很好，我们当下做的东西就可能是中国这个时代的结晶。

柳冠中在 2016 年中国厨房协同创新设计工作坊上讲话

工作坊的组织理念与方式

——蒋红斌

20 世纪中叶，美国的一位颇受人们尊敬的诺贝尔奖获得者，在他得奖后受人们的要求，对未来的一个世纪作战略分析。之后，他将言论整理成著作，其中，他是这样描述 21 世纪最具意义的事业的：“设计，将是未来那个世纪，人类新兴事业的核心。它不但会牵动每一个人如何输出自己的工作，还会成为一个国家的战略机器和企业兴亡的关键。”

当代设计的性质和价值是随着世界工业文明的步履，在不断的实践中被强化和沉淀，并逐渐成为现代企业，乃至国家发展战略的重要组成部分。

设计的工作机理与自然科学完全不同。如果把某个自然科学的工作机理来作个比喻，那它就像是一个垂直的、不断向前探索其客观规律的活动。然而，设计的工作向度则是横向的、系统的和人文价值判断的。

所以，接着上面提及的那位美国科学家的话语，联系设计的基本性质与工作机理，今天，设计本身的成长要点在于组织，而非创造。

一

“中国厨房协同创新设计工作坊”是清华大学设计战略与原型创新研究所承办的，是清华大学艺术与科学学术月系列活动重要组成部分。

所谓“设计战略”，就是将设计的本质与实际事宜的主旨，以及目标作系统的分型与分析，进而形成一个尽量完整的、可分步骤实行的方略。在这个方略的指引下，能动地按描述目标铺陈开来，有机、动态地驾驭阶段成果，直至全面完成。

二

“中国厨房协同创新设计工作坊”的一个重要的特质是在活动的组织方式上。纵观现在的设计工作坊，基本脱离不开这样几个方式，最常见的一种，组织方往往是以承接任务的形式，围绕一个主题展开活动组织。时间单位大体控制在 个星期之内。活动的基本成员多为在学的设计学人。辐射的学校数量，看计划的投入规模而定。其次，是以设计竞赛的面貌呈现出来。组织者一般在半年前将主题与主要参与单位联络完毕，并可能组织相应的宣讲团，对参与者作一定的动员与解析。工作的基本场所分散在主要的协作单位之中，只在评议作品的时候，才将作品汇集在一起。再有就是委托机构或者企业单位与承接组织单位之间的一对一交流。这样的会合式工作，优势在于目的明确，成果要求清晰，缺点在于时间太短，设计的研讨界面不能充分展开，基本是一个临时的设计与工程联合创作营。

本设计工作坊的组织，秉承设计创作的关键不在于创新，而在于建设设计创新的依据。没有设计研究作为基础的设计活动，在本质上是流于形式的，是表面和装饰化了的。成果难以经得起时间的考验和生活的验证。所以，我们在工作坊的组织方式上，强化了设计研究的延伸性和持久性。简明地说，就是将工作坊分为三个大段落，第一个段落是基于组织者们的协同与计划，将计划的专题细分成二级主题和提示关键词。将笼统的大题目，分解成活动发起者、组织者和参与者都能清晰解读的专题。此阶段主要基于产业、企业界的沟通与策划，为时两个月。第二个段落是基于参与者群体的沟通与预备性研究。这个阶段是本工作坊的关键特色。将主题与参与团队整体交接，并适时展开设计调研，各个参与工作坊的团队对研讨的主题作充分的预备性研究。此阶段为时四个月。第三个段落，是工作坊的现场组织。在组织的方式上，不仅做到循序渐进和有条不紊，同时大力深化了设计协同创作的资源汇集度，即，不但团队与团队之间展开协作，同时，各个团队的入驻工作地，我们安排在了当地设计园区的诸多设计公司里。

三

“中国厨房协同创新设计工作坊”的本身策划也充分反映了我们对设计的时代理解与主张。我们知道，当今，乃至未来，设计的工作对象、目标评价，以及其本身的能力优势都趋向于复杂。设计的难点，也是它的特点，将不会是过去的造型、创想和商业成功，而是怎么有效组织资源，系统地拓展健康未来。所以，其基本的工作基础将变得越来越广泛。跨领域、协同创新，其实只是对这种性质的一种修饰。它的本质是组织和重新组织！

四

本工作坊就是在这样的对设计未来发展的思考下构思的。其实，这亦可以看作更深一层次的设计组织方式。这里，就本工作坊如何组织基础资源，作一个简要的、多维度的说明：

第一个维度，是产业协同维度。园区是协调维度的基本平台。当然，这里所说的园区，就是广东工业设计城。它是由北滘镇政府创立的、一个基于自身地区产业发展要求的战略平台。所以，本工作坊的第一个维度就是要基于活动的目标与当地的产业发展意志相一致。这样，就引出了第二个维度，即，当地区主体企业的产业类型。

顺德是中国家电出口企业集中地，被誉为中国家用电器生产基地。北滘镇的一半生产产值来自于驻该镇的一个龙头企业——美的集团。其周边分散着数以百计的规模以上家电企业。它们的产业升级急需设计创新资源的汇集与营养。这样，通过与广东省工业设计协会的联合，将历年来本工作坊设计创新的主题始终锁定在中国家用电器之上。

第三个维度，则是学术引领。前身为中央工艺美术学院的清华大学美术学院，是中国国内最早成立工业设计专业的学校，在设计理念和探索中国设计发展道路上一直身先士卒。作为承办本设计创新工作坊的清华大学设计战略与原型创新研究所，更有志于探索一个适合中国自身发展要求和机理的设计机制。它的基础还不只局限于学院内部，更需要走到实际社会中，与国家、地区、企业和设计创业者连结，才能将设计的学问做到实处。由此，本研究所高举“清华大学艺术与科学学术月”的旗帜，深入中国最具工业创业特点的产业群地区，展开学术与学问双赢的系列活动，并带动全国各重要省市的设计院校联合协同。

第四个维度是设计企业的协同与互动。当然，这样的互动是依托入驻在广东工业设计城的十多家优秀设计企业基础之上的。这一方面将设计人才与设计用人单位作了一个面对面的对接，另一方面，亦将良好的学术成果和工作方法带入到了当地的设计企业。互相检验、相互促进，既活跃了当地的设计氛围，也锻炼了参与者的能力、开拓了眼界。

第五个维度，是基于产业联盟和设计园区创业创新机制建设而展开的。本设计工作坊的资源创新还在于调动了当时省级工业设计协会和中国厨房产业创新联盟的资源。将其中的许多专家作为本设计工作坊的成果评委和辅导专家。激发跨领域的社会基础资源，并为设计工作坊的最终成果落地铺垫产业协同基础。

第六个维度，是建立中国厨房设计研究的战略体系。提出中国人应该研究自己的厨房。面对什么都是国外的先进这一教条的观念，汇集志同道合的各地设计高校教师，激发和分享在中国厨房领域的研究成果。建立和建设一个从中国实际民生出发而展开的设计研究，将成果的发布与归属都汇集在中国设计学人自己的学问成果上。拓展设计研究的魅力和引力，并融设计教育与研究于一体。

总之，本设计创新工作坊的自身组织方式，既是一种宣言，也是一次实验。希望通过大家的协同，能够将设计的文明之花融入国家的伟大复兴之中，为人们幸福安康的生活和发展创建中国尊严。

蒋红斌在2016年中国厨房协同创新设计工作坊上发言

工作坊活动流程（一）

3月10日 新计划预备会

- 工作坊新年度的组织方式与总体目标的思想交流
- 与学院和研究所等各个方面核对时间表
- 与广东工业设计城方面核对场地等支撑要素

4月15日 形成计划初案

- 整合核心策划团队的意见和建议，形成工作坊初步方案
- 将初步方案下发各协同院校，征求意见

6月10日 产业联盟会议

- 以工作坊初案为蓝本，组织中国厨房联盟成员会议
- 针对预备研究等相关事宜的落实
- 明确工作坊年度主题，并再次组织产业联盟会议

7月15日 形成工作坊方案

- 整合各方意见和建议，形成最终年度工作坊的计划案
- 与清华大学艺术与科学研究中心汇通情况
- 制作通知文件，形成执行机制，落实管理责任人

工作坊活动流程（二）

8月1日
前期研究

工作坊活动主题下发到各参与团队

参与各院校团队针对收到的工作坊主题作相应的预备性研究

高校团队进驻广东工业设计城

12月3日
工作坊开营

工作坊开营，各团队汇报前期调研成果，导师点评汇报成果

9个团队分成两个大组，由导师作短期培训、制定设计定位和工作计划

12月4—6日
进行设计

根据计划进行设计任务并进行设计研讨及交流

各团队完成设计成果的制作并提交，抽签决定第二天的答辩顺序

制作汇报文件并布置答辩会场和展板

12月7日
成果汇报

各团队按次序进行成果演示与答辩，评审打分

12月8日
点评总结

工作坊颁奖典礼及总结

活动结束，各院校返程

第二单元

工作坊的理念

- >> 工作坊的主办理念
- >> 工作坊的组织方法
- >> 工作坊的组织架构
- >> 工作坊的支持方——广东省工业设计协会
- >> 工作坊的举办地——广东工业设计城
- >> 工作坊产业支持单位——中国厨房设计联盟
- >> 清华国际艺术·设计学术月——北滘论坛系列活动
- >> 工作坊承办机构——设计战略与原型创新研究所

工作坊的主办理念

“学术月”期间以“工作坊”方式展开设计交流与探索，推出锁定某个特定领域的、具有系统创新价值、接近企业产品创新的原型概念设计成果。

协同创新设计工作坊持续多年锁定“中国厨房”这一具有系统创新价值、贴合广东产业背景、接近企业创新落地的原型设计概念。2016 年工作坊围绕中国厨房，以“城市年轻人的厨房与厨具”为主题，从当代城市年轻人的生活方式、厨房与厨具新概念、租住一族等角度入手，开始工作坊的设计研究。

组委会邀请 9 支团队（1 名带队教师和 4 名学生）参加本次工作坊活动，院校团队参与者首先汇报各自预研成果，所聘专家进行点评。之后，进驻广东工业设计城9家设计公司内，再经过 5 天的工作坊时间，在中外导师的辅导下，结合设计城和设计公司的资源，针对本组课题进行研究和再设计。活动结束之时，组委会组织课题最终答辩，由答辩评审专家评出最佳设计成果奖、最佳创意奖、最佳设计表达奖、最佳团队奖以及优秀奖，并授予证书和奖品，以资鼓励。

此次工作坊活动由中（石振宇教授）、德（Justus 教授）双方专家对参加团队进行全程指导和教学，过程中加入工业设计城参观、设计公司内互动、团队间交流、集体聚餐等活动。本工作坊提倡去掉一般工作坊过程中竞赛的气氛，让参加成员在设计研究的过程中更多交流上的互动、思维上的碰撞，活动之后让更多人了解设计城、了解厨房联盟、了解设计产业。

GoPro

工作坊的组织方法

活动主题：中国厨房
活动内容：城市年轻人的厨房与厨具 互助与生活
关键词：当代中国年轻人的生活方式 城市厨房 租住一族

2016 年协同创新设计工作坊从 2016 年 5 月开始启动，经过设计主题的布置、团队组建、当地前期设计调研等准备阶段后，于 12 月 3—7 日在广东工业设计城进行交流、提案和汇报，本届邀请到清华大学、中南大学、北京印刷学院、台湾国立交通大学、台湾云林科技大学、广东工业大学、江南大学、内蒙古科技大学、武汉工程大学 9 所高校 45 名师生，以“城市年轻人的厨房与厨具”为主题，设计适合当代年轻人、面向未来的个性厨房。

参与的各院校组织调研当地至少 5 个典型目标人员。考察其利用厨房的生活形态。描述和分析其早、中、晚三餐的买菜、备餐、烹调、就餐、清洁的行为和过程效度，完成一份 PPT 格式的研究报告。

45 名来自 9 个高校的师生，组成 9 个设计工作团队进驻广东工业设计城。每个团队由该校一名教师率领 4 名学生组成；2016 年 12 月 2 日，各参与院校抵达活动地。

2016 年 12 月 3 日，各团队汇报交流各自的调研报告，之后，45 名师生抽签混编分成两个大团队，定位两个设计专家作为本次工作坊的指导教师。每个团队入驻“设计城”内的一个设计事务所。在 12 月 7 日进行最终答辩汇报，由评审专家点评、打分。

工作坊的组织架构

本次工作坊由来自全国各地 9 所高校的师生团队参与，每个高校团队由一位带队老师和四名学生组成。然后经抽签分成两个大组，每个大组由一位专家导师指导。两位专家导师分别是国内著名设计大师石振宇和来自德国的尤斯图斯·泰纳特教授。

石振宇

Prof. Shi Zhenyu

清华大学设计战略与原型创新研究所副所长

尤斯图斯·泰纳特

Prof. Justus Theinert

德国达姆斯塔特技术应用大学工业设计系主任

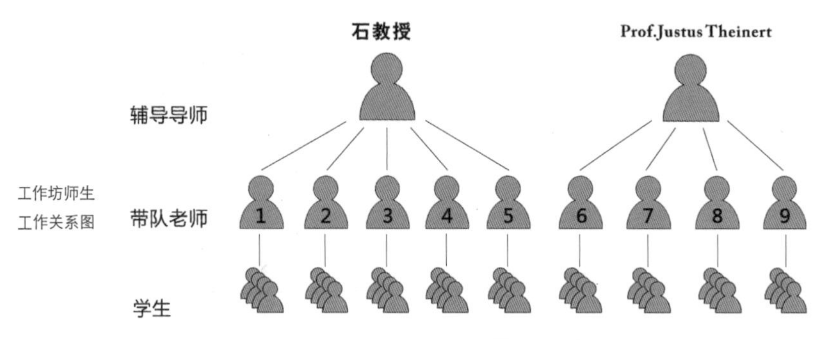

工作坊师生工作关系图

石振宇教授指导
尤斯图斯·泰纳特教授指导

工作坊的支持方
——广东省工业设计协会

广东省工业设计协会成立于1991年4月1日，是一个跨地区、跨行业、跨部门的全省性组织，作为专业性社团组织，其主管部门为广东省经济贸易委员会。

协会现有会员400多个，其中团体会员包括中集、TCL、美的、康佳、科龙、万家乐、广汽、广无、广日等著名产品制造企业，也包括大业、毅昌、美的（设计）、鼎典、习之、创新、浪尖等省内著名设计公司，还包括广州美术学院、广东工业大学、广州大学、中山大学、华南理工大学等知名院校的设计学院和深圳设计联合会、珠海工业设计协会等专业院校与机构。个人会员基本囊括了省内学术界的专家学者、企业家和企业设计主管等，设计师和独立设计师正逐年增加。

协会是联系政府与企业、院校的桥梁，在工业设计行业和制造业内发挥着服务、协调、监督的行业管理作用。通过服务，反映企业创新的愿望和要求，维护设计业的公平竞争，促进国内、国际经济技术交流合作，充分利用社会力量，大力普及工业设计知识，推动了工业设计事业的发展。

协会定期策划和承办由省人民政府主办的“广东省工业设计活动周”，活动周的内容包括“省长杯”工业设计奖评选（省级唯一官方设计奖评选）、优秀设计师评选、工业设计展览、珠江国际工业设计论坛等活动。

2016’第六届中国工业设计北滘论坛
2016’ the 6th Tsinghua Summit Conference on Design Promotion
协同创新设计工作坊
Collaborative Innovation Design Workshop
到处

工作坊的举办地
——广东工业设计城

广东工业设计城是广东省政府重点项目和“省区共建”的项目。位于顺德区北滘镇，是以工业设计产业为核心，连接其所辖地区的制造型产业上下游产业链，为其提供高端增值服务的现代服务业聚集区。

广东工业设计城突出政府主导、专业化管理、市场化运营，立足顺德制造，对接广佛商圈，联动深港资源，发挥集聚效应，引进国内外设计大师、设计机构，为广东乃至全国的制造产业转型升级以及引进孵化新型产业提供工业设计服务。

广东工业设计城主要建设实施了“三六九”重点工程。它们分别是：一，建成三个基地。广东省工业设计服务外包基地，国家级创新成果产业化基地，国家知识产权保护与转化服务基地。二，打造六个平台：交易服务平台，金融服务平台，成果转化服务平台，人才引进及培训服务平台，共性技术研发平台，品牌推介平台。三，建设九个主要项目：顺德工业设计园，国家工业设计实验室，国际工业设计交流中心、设计酒店，设计师公寓，工业设计资讯中心，中国（广东）工业设计研究生院，广东工业设计博物馆，设计创新体验馆。打造一个涵盖工业设计、教育培训、生活配套、服务推广等于一体的综合性试验区。

广东工业设计城是国内目前规划最大的工业设计产业基地。作为顺德被赋予地级市部分权限后的首个省区共建项目，从顺德工业设计园到广东工业设计城，顺德的工业设计产业实现了由园到城的跨越，广东工业设计城对顺德乃至珠三角的产业和城市产生了积极的带动效应。

GIDC
广东工业设计城
国家新型工业化产业示范基地
国家级科技企业孵化器
国家工业设计与创意产业基地
中国工业设计示范基地

B·O·B
尚致设计

INNOVATION
INCUBATION
CENTRE

工作坊产业支持单位
——中国厨房设计联盟

承办中国厨房设计工作坊、举办工业设计高峰论坛是“中国厨房”设计联盟的重要工作。

中国厨房设计联盟是由广东省经信委、清华大学艺术与科学研究中心设计战略与原型创新研究所牵头，以广东厨房行业的领头企业、设计院校、行业协会组织、工业设计机构及相关服务机构，以行业、企业的发展需求和各方的共同利益为基础，以解决行业设计创新中的共性基础课题和难题、提升行业整体创新能力、强化设计创新对产业转型升级的作用和地位为目标，以具有法律约束力的契约为保障，形成的优势互补、利益共享、风险共担的行业性、地方性、非营利性社会组织。

联盟通过整合行业资源，开展以“中国厨房”为对象和课题的设计基础研究，解决产业设计创新面临的共性课题和难题，从设计角度提高产业价值创造能力和产业市场竞争力，并通过创新协作模式，提高设计基础研究成果推广和应用的有效性和广泛性。

整合广东省厨房行业内各企业的制造资源、技术研发资源、市场资源，整合与厨房行业相关的省内外工业设计资源、人力资源、设计研究资源，建立有效的协作约束机制，实现资源共享、优势互补。集中资源和优势，提出行业设计基础性、共性研究课题，开展基于中国厨房的设计共性课题研究，分享研究成果，降低各成员和行业企业、设计机构的设计研发成本，提升厨房行业的设计创新能力、厨房产品的市场竞争力以及相关设计机构的设计服务水平。使厨房行业具备相应的话语权，统一厨房行业的设计标准，逐步形成行业设计标准，并推动和影响住宅设计建设标准朝有利于厨房电器行业设计和发展的方向调整，从而形成更良好的产业发展环境。

承办中国厨房设计工作坊、举办工业设计高峰论坛是中国厨房设计联盟的重要工作，中国厨房设计工作坊的设计调研和设计成果，为联盟单位提供了厨房行业的前景设计和基础研究信息，推动行业进步和可持续发展。

中国厨房设计联盟单位——“和壹设计”的设计师与师生交流

清华国际艺术·设计学术月——北滘论坛系列活动

"清华国际艺术·设计学术月——北滘论坛系列活动"既是一个时代、一个社会在工业设计观念上的呈现与探索，亦是一个国家、一个地区产业环境下如何运用设计理念和设计方法新锐建设的实践与反映。

"清华国际艺术·设计学术月"是清华大学一类国际学术活动。自2009年起，每年固定在11月至12月期间，以清华大学美术学院为组织核心，分专题、多领域地开展为期一个月的学术活动。

"北滘论坛系列活动"是"清华国际艺术·设计学术月"系列活动的核心组成部分，由清华大学设计战略与原型创新研究所联合北滘镇政府和广东工业设计城承办。自2011年起，已经成功举办六个年度。论坛始终将工业设计与中国社会的健康发展联系在一起，以设计对社会如何有效作用为主线，关注产业与设计创新、地区发展与设计组织方式的建设等专题上，集中设计学界与社会各方面的有识之士，共同关注中国设计与社会发展交织主要矛盾和实际问题。

近年来，随着服务型社会的到来，社会组织创新备受关注。以工业设计为核心的设计园区组织形式异彩纷呈。设计园区虽然是个较为松散的大概念，但其最具中国特色和设计的发展新形态。论坛将焦点集中于此，目的是继续探索中国工业设计发展的科学路径，理论联系实际，实事求是地汇集社会各方精英，共同探索设计的社会组织方略和园区发展方向。探索运用现代设计理念，将城市、人才、产业、文化等多维度的社会资源进行深度融合的组织方式。

“清华国际艺术·设计学术月——北滘论坛系列活动”既是一个时代、一个社会在工业设计观念上的呈现与探索，亦是一个国家、一个地区产业环境下如何运用设计理念和设计方法新锐建设的实践与反映。

Massimo 在清华艺术设计学术月北滘论坛上发表演讲

工作坊承办机构
——设计战略与原型创新研究所

研究所站在工业设计学科学术领域的最前端，旨在形成一套完善的“跨学科整合创新模式”，将设计教育从“造型、造物设计”引导到“创造新物种的谋事设计”的高度。

清华大学设计战略与原型创新研究所于 2010 年 10 月成立，隶属于清华大学艺术与科学研究中心。所长柳冠中，副所长石振宇、蒋红斌、汤重熹。

研究所站在工业设计学科学术领域的最前端，旨在形成一套完善的“跨学科整合创新模式”，将设计教育从“造型、造物设计”引导到“创造新物种的谋事设计”的高度。对于“设计师需要怎样的知识结构”提出挑战，致力于设计观念、思维方法和设计过程的深入研究。

清华大学设计战略与原型创新研究所作为国内工业设计理论研究和设计实践领域的重要力量，积累了几十年丰富的研究经验，承接许多国家重大科研课题项目，为国家设计产业的推动和政策规划提出了重要参考意见。

其作为中国工业设计协会专家工作委员会的主要研究机构和中国工业设计园区联盟的副主席单位，对探索当代中国设计发展的科学机制作了坚实的研究，与工信部、科技部、广东省、山东省、福建省、浙江省等主管工业与信息化的政府部门相联系，从宏观与微观领域开展了大量的理论联系实际的学术宣传和专业咨询服务。以硕、博研究生为主要成员的研究团队，为探索我国工业设计的创新机制和设计园区的发展模式，为各地产业园区的原型设计创新实验室、设计信息库的建设和设计人才培训等作出许多贡献。

研究所的主要研究领域和活动包含：“跨学科集成、整合创新模式”的咨询与研究；“政产学研”设计平台的战略规划；“引领设计教育转型”的综合设计基础教学研究；“实验型创新与体验式设计研究”的实践与探索；“集成创新与国际交流”的活动组织与论坛。

清华大学设计战略与原型创新研究所领衔教授

第三单元

工作坊成果

>> 食光怪兽·亲子厨房——江南大学团队
>> 烹饪小当家·独居新概念——台湾云林科技大学团队
>> 彼案·协同餐厨平台——中南大学团队
>> 95后·家的味道——广东工业大学团队
>> 轻家·自主——清华大学团队
>> 共享·邻聚——武汉工程大学团队
>> 北京青年·乡味记录——北京印刷学院团队
>> 成长体验厨房·内蒙古生活——内蒙古科技大学团队
>> 动态冰箱·台湾生活——台湾交通大学团队

食光怪兽 · 亲子厨房

——江南大学团队

通过 80 后厨房使用的用户体验地图，
找到亲子互动厨房的设计方向。
时光怪兽——儿童安全食材切割机，
配套 APP 功能：线上辅助、硬件操作、成长记录，
达到安全、协作、渐进学习、创造力、展示的产品目标。

Sensible Creative Team

江南大学团队介绍

江南大学团队针对现在 80 后的生活现状进行预调研，通过网络问卷和入户调研方式，考察了目标用户的背景、生活方式、厨房使用情况、厨房空间布局、烹饪操作习惯、情感联系等，并询问理想厨房。

制成关于 80 后厨房使用的用户体验地图，从需求和行为流程分析、用户情绪体验、痛点和设计机会点，制成亲和图，从物理和行为属性分析出 7 类需求。

方案以亲子厨房为设计出发点，通过儿童安全食材切割机的硬件产品和儿童 APP 操作，以富有趣味性的亲子互动为媒介，完成对儿童动手能力、厨房互动的培养，增强亲子关系。

教师访谈

沈杰
江南大学团队指导老师

编者：江南大学在前期运用了多种研究方法，深访用户是如何选择的？

沈杰：江南团队预定的设计主方向之一是厨房间的交流活动。前期调研范围较有地域性，在长三角内选取上海、无锡、杭州等地进行考察，调查对象主要以 80 后为主。由于时间等各方面原因，调查到的样本偏少、偏宽泛，希望能有更多条件进行更具体的目标人群定位，制定详细的目标以便于深入思考并设计。

编者：在前期汇报中我们看到了若干设计方向，从汇报到现在是否确定出接下来的设计机会点？

沈杰：经过第一天的汇报环节，我们反思调研对成果特征的把握不够清晰，内容偏向现实化和实际考察，与正式活动中给出的“面向未来”的主题导向有差异。但考虑到在短短四天内就要出成果，还是要与调研紧密结合，不能完全变成拍脑袋行为。因此计划根据既有调研继续发展，并参考 Theinert 教授的启示进行修正。

阶段中期，江南团队确定的一个可能方向是为即将生孩子、或已有小孩的年轻 80 后家庭为主。在从准备怀

“80 后家庭在从准备怀孕、孩子出生到成长的几年的时间内，家庭会经历数个持续的变动并需要准备。对于用户和设计师们而言都会经历多种尝试，设计师也会逐渐提升思考深度。”

孕、孩子出生到成长的几年的时间内，家庭会经历数个持续的变动并需要准备。对于用户和设计师们而言都会经历多种尝试，设计师也会逐渐提升思考深度。另一个可能的发展方向是关于厨房使用差异的对比研究。

编者：外方指导 Theinert 教授的创新训练有没有给团队带来新的思路和方案的可能性？

沈杰：我们去年也参与了工作坊，两次合作的指导教师都是 Theinert 教授。Theinert 教授非常关注可能性，思维较发散，比较理想化。一开始，他的畅想训练与队伍前期准备不太切合，团队与他的观念也会多少产生冲突和不适，两位老师的讨论会让学生有些无所适从。

但经过后来的数次交流，团队从启发中找到兼顾关注现实与未来的方法，最终我们的方案不去解决当下明确问题，更偏向往创想和概念落地上结合。

编者：沈老师也参与过、组织过很多设计工作坊了，中国厨房工作坊对江南大学的同学们有怎样的帮助和成果？

沈杰：集训工作坊的优势在于能让学生完全专注于任务，能大大提高工作效率，在这 5 天能达成学校内两周的工作量。

前期研究：80 后厨房体验调研

入户调研 许先生 / 张女士

年龄：32/31
职业：博士在读 / 研究生毕业
月收入：8000+
所在城市 / 故乡：无锡 / 成都
厨房类型：封闭式厨房
是否有小孩：一个

“有了宝宝以后就很少下厨房了，还是很喜欢以前一家人一起张罗做饭一起吃的感觉的。”

背景

作为 80 后中高学历人群的代表，现阶段面临着博士毕业。2011 年两人结婚，2015 年生的宝宝，面临着就业与家庭等各方面压力。

生活方式

一家三口一起居住在自己的房子里，先生工作较为忙碌，平常大部分时间是孩子的母亲在家做饭，先生协助。

厨房使用情况

厨房面积太小，很多厨具和厨电都放置在面板上。厨房通风不便，油烟机功效小，油烟处理和清洁困难。

喜爱家乡口味的菜品，同时也乐意尝试新的多元化的菜品，烹饪越来越偏向重视宝宝的健康，会常给宝宝制作辅食。几乎每天每餐都会在家吃饭，厨房使用频率非常高。

入户调研
许先生 / 张女士

厨房布局

- 呈现 L 型的小型厨房，空间狭小，难以多人在厨房操作。
- 厨房使用频率高，厨具和厨电繁多，厨房的收纳功能严重不足。
- 空间狭小，油烟在厨房萦绕不散。

问题

- 油烟排放不便，不敢在厨房中制作炝炒的菜。
- 收纳空间严重不足，大多器具放置在台面。

洞察

- 厨具设计规格统一，易于收纳。

厨电

- 最常用的家电为电饭煲，因为功能简单易于操作，可蒸饭、火锅。
- 最近因为宝宝的需要购买了料理棒，制作辅食。最近常使用电烤箱。

问题

- 希望厨电功能尽量基础、简单、易于操作，能满足不同的烹饪目的。希望厨具可以满足宝宝的需求，让宝宝吃得健康。
- 希望厨电产品能让饮食更多元化。

洞察

- 厨具宝宝模块。

入户调研
许先生 / 张女士

情感联系

- 以前没有孩子时常夫妻一起做饭，有了孩子后，做饭由母亲负责，父亲有空也参与做饭。
- 让孩子远离厨房。
- 闲时两人一起下厨，各做拿手菜，另一个人打下手。

问题

- 厨房的安全隐患，让人担心，尤其是有了孩子后如何保障孩子安全。
- 希望得到更浪漫的与爱人下厨房的体验。

理想厨房

- 空间稍大，宽敞，收纳空间足够。
- 整洁明亮，收纳功能强大。
- 插头多一点。
- 抽油烟机一定要好。

问题

- 现有的厨房太小了，不能把所有的小家电和冰箱都放进厨房，有点不方便。
- 水池常被厨房垃圾堵塞，希望可以自疏通。

洞察

- 收纳改造，定时提醒清理装置。

前期研究

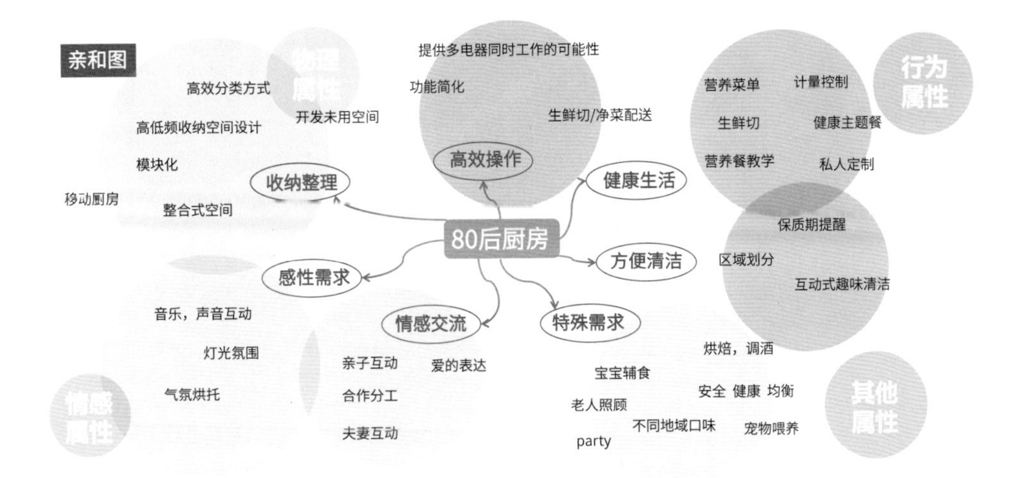

设计机会点

1 小空间，大利用

现有厨房改造，模块化，移动厨房大变身。

2 “为爱下厨房”

爱情不因生活琐碎而平淡，与爱人一起做一顿饭。

3 亲子互动厨房

以烹饪为载体，促进亲子互动教育，一家人其乐融融。

4 高效率，快节奏

为工作忙碌的你，呈上美味健康的一顿饭。

背景

“祖辈住在子女家照顾孩子饮食起居”

老漂族是近年来常被提起的一个社会学概念。所谓老漂族，指为支持儿女事业、照顾第三代等原因而离乡背井，来到子女生活的城市的老年人。他们看上去忙碌安然，享受含饴弄孙的天伦之乐，但远离故土、漂泊在异乡的个中滋味，旁人很难体味。他们远离朋友圈，时常感到孤单，在陌生的环境生活，难以融入。他们的生活模式通常很单一，家，是他们的主要活动点，子女和孙辈就是他们的全部。

“别进来，厨房危险！出去！”

在中国，厨房一直是孩子们的禁地，因为有煮沸的开水，有烫人的火，有锋利的刀，是个存在许多不确定因素的危险的地方。但其实在孩子们的眼里，厨房却是个会变魔术的有趣之地。每当孩子们在好奇心的驱使下偷溜进厨房时，都会被以各种理由赶出去:“别进来，危险！”“油烟重，出去！”……于是孩子们长见识的机会就这么被拒之门外。

“厨房是一个承载着众多教育因子的资源库”

其实厨房是一个承载着众多教育因子的资源库，它能够让孩子认识厨具，对食物、调料进行辨色、辨味、辨形、辨数；从小就对危险产生认知，提高自护能力；在操作中激发想象力，变得心灵手巧……而且厨房还是“治疗”孩子挑食的圣地，家长与孩子一同做饭，教导孩子们从拣选食材开始，每一步都需要孩子们自己亲力亲为，为了尝试自己的劳动成果，即使菜色中有平日不愿吃的食材，他们也愿意尝试。此间孩子既“克服”了挑食的问题，又学会了许多新鲜有趣的知识，可谓一举两得。

设计方向：亲子厨房

以厨房作为载体，帮助儿童和家人进行更好的合作与沟通。在制作食物的过程中，培养孩子的动手能力，促进代际沟通。

设计关键词

· 乐趣

· 安全易操作

· 儿童认知规律

· 交流沟通

锻炼独立思考

做饭需要系统统筹，脑子里预先要有步骤和规划，而这些都需要孩子们有独立思考的能力。此外，厨房里还需要各项技能，如数学（配料的比例）、美术（如何摆盘）、时间管理（如何配菜何时下锅）、自控力（边烹饪边把食材吃了）。

激发生活乐趣

厨房里的锅碗瓢盆、刀叉瓶罐、五谷杂粮、蔬禽蛋果……都是孩子们眼中的新鲜事物。敲敲打打、揉揉拉拉，尝到酸甜苦辣，见识赤橙黄绿，不但提高动手能力，也学习一门生活技能。

儿童行为矫正

性情的养成，往往跟儿时的经历有关。许多不健康行为在学习烹饪中可以得到矫正。孩童的多动症、偏食、挑食、耐性差等坏习惯，也许就在下厨房的过程中，不知不觉地改变了。

亲子烹饪培训班、家人烹饪陪伴、儿童特制厨具、亲子厨艺综艺节目、亲子厨房整体概念等相关厨房活动已经慢慢兴起，对于孩子的安全感、自信心、独立性的培养都有帮助，也有利于独立个性的形成。

设计成果：
食光怪兽亲子厨房

系统设计示意图

以亲子厨房为设计出发点，系统主要包括儿童安全食材切割机的硬件产品和 APP，完成富有趣味性的美食拼盘活动，增强亲子关系。

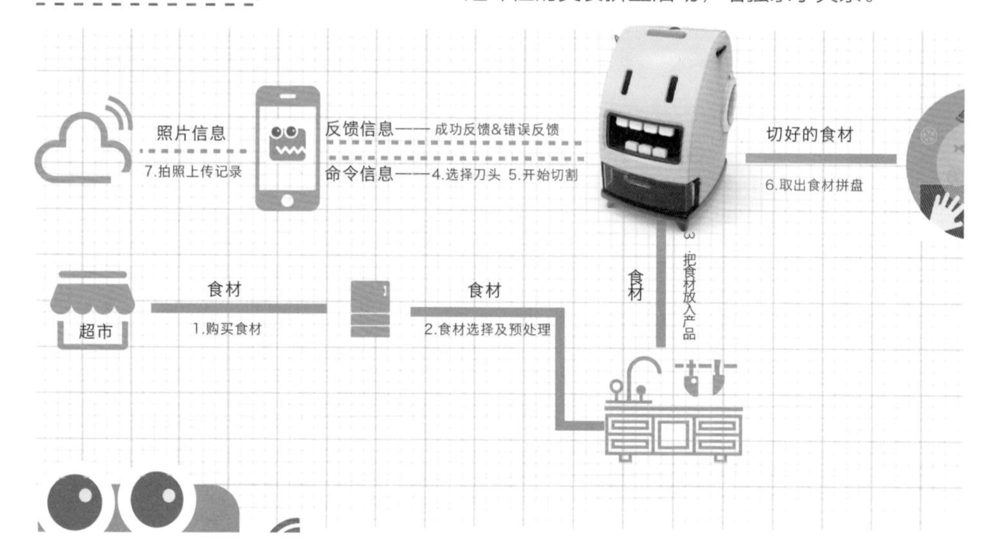

食光怪兽

食光怪兽儿童食材切割机是亲子厨房服务系统设计的一部分。儿童在参与厨房活动时，最大的担忧就是安全问题。食光小怪兽通过与 iPad 互联，儿童在 iPad 上控制蔬菜的切割，极大提高了操作的安全性，帮助儿童更好地参与到做饭体验中。同时特殊形状的模具以趣味性提高小朋友的参与度，用轻松安全的方式展示全新的厨艺世界。

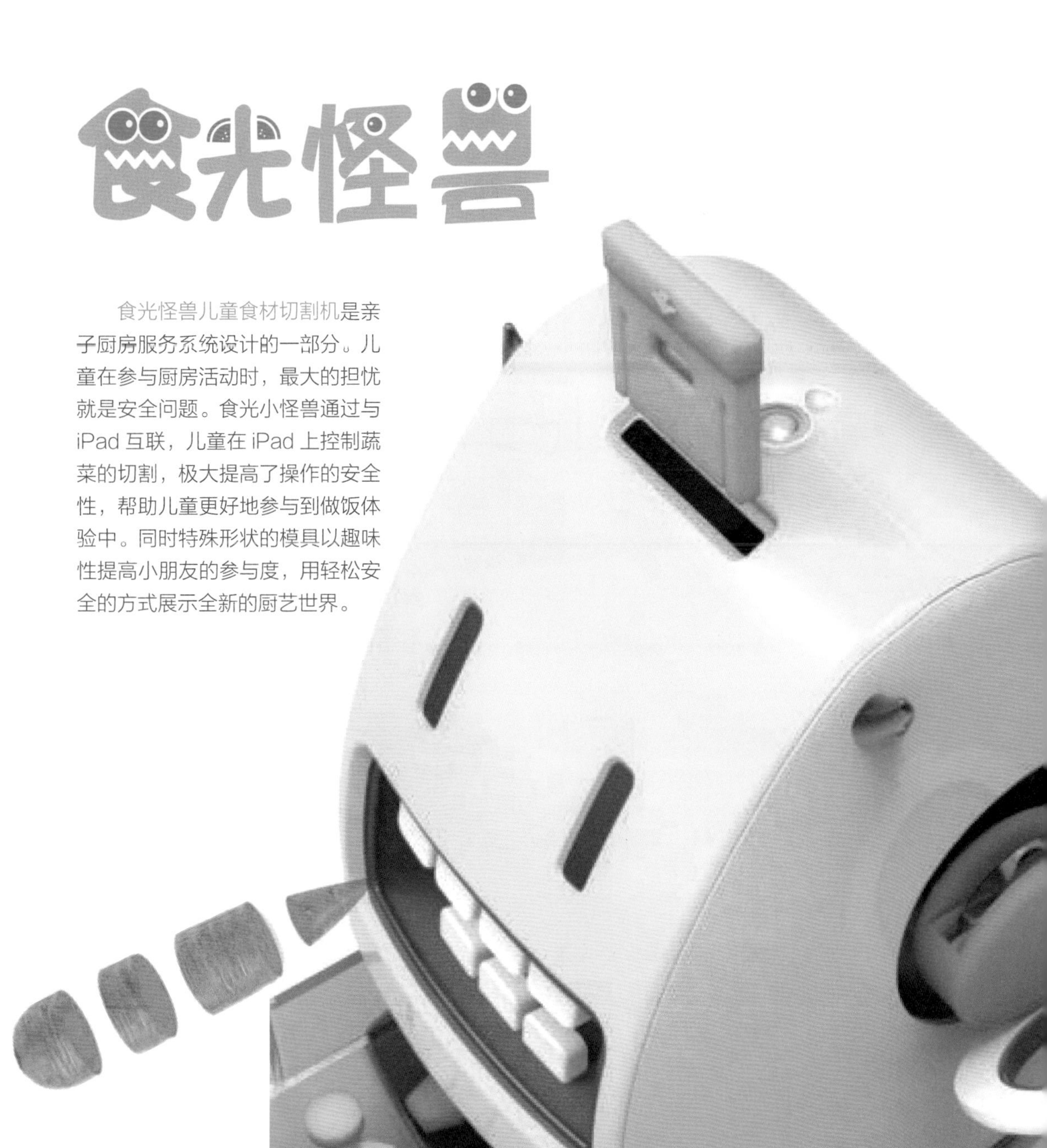

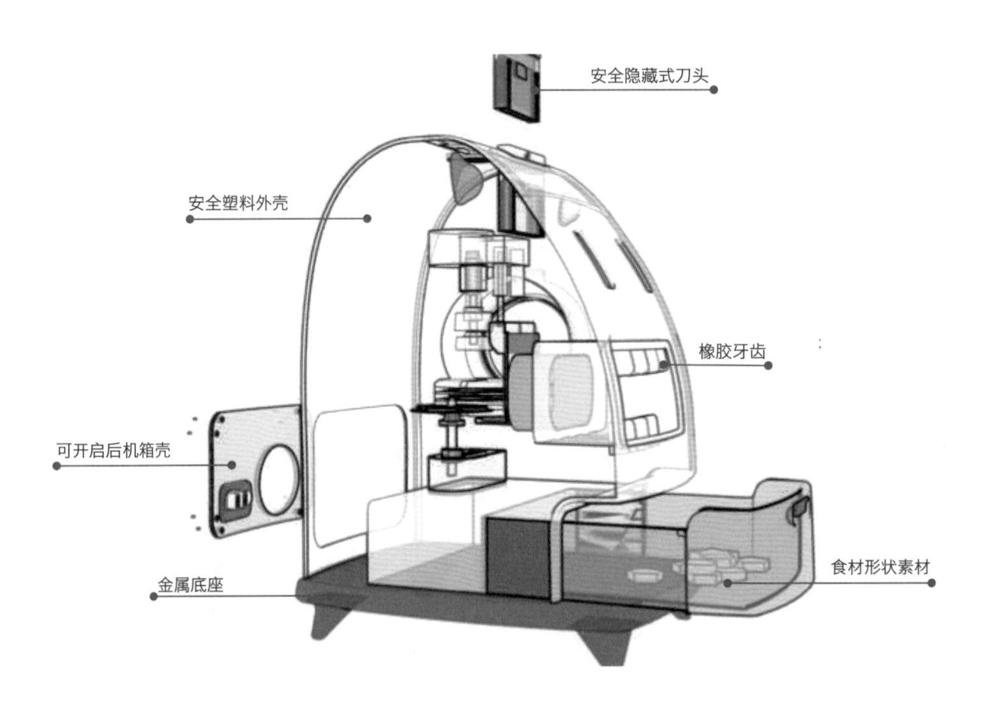
安全隐藏式刀头
安全塑料外壳
橡胶牙齿
可开启后机箱壳
食材形状素材
金属底座

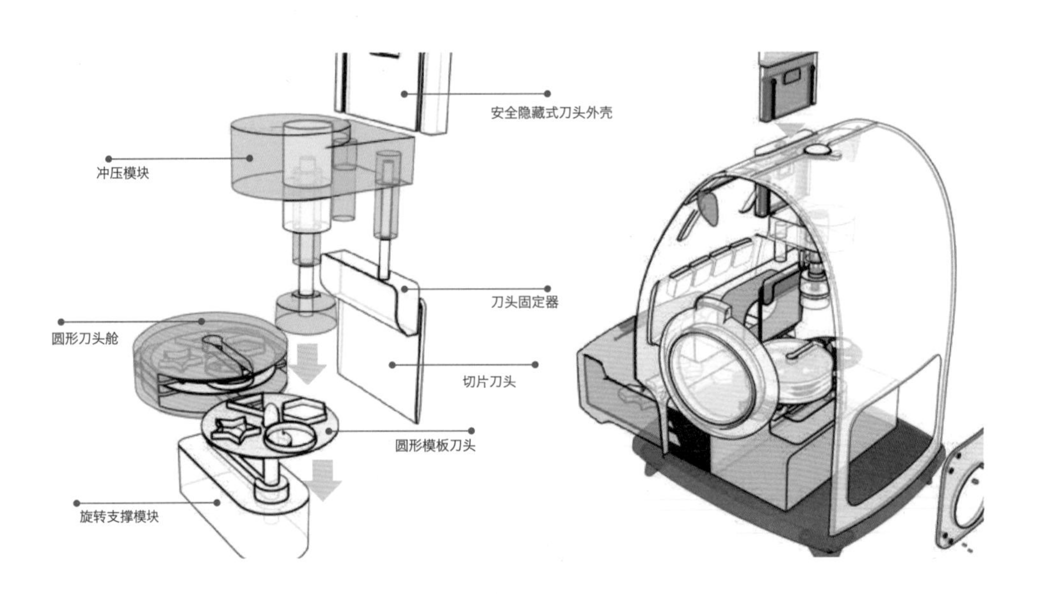
安全隐藏式刀头外壳
冲压模块
刀头固定器
圆形刀头舱
切片刀头
圆形模板刀头
旋转支撑模块

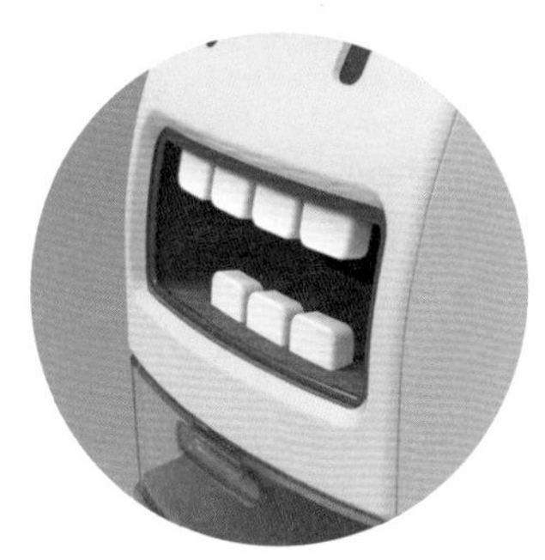

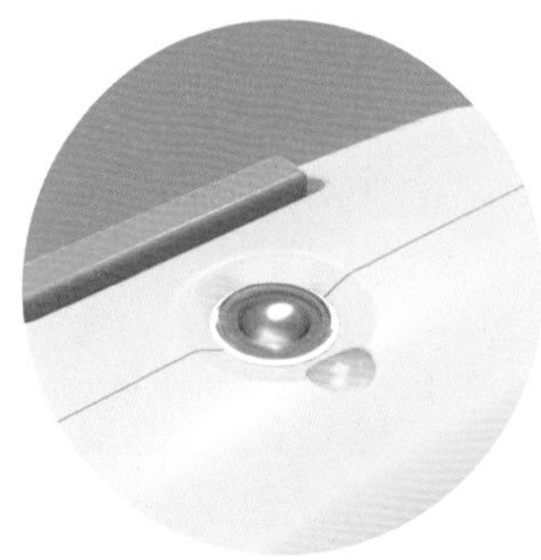

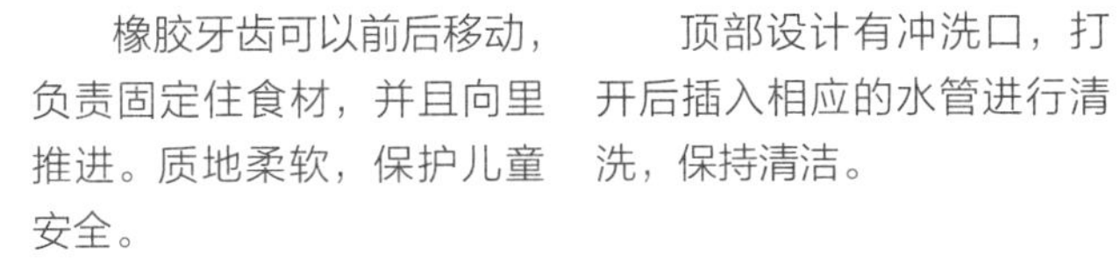

橡胶牙齿可以前后移动，负责固定住食材，并且向里推进。质地柔软，保护儿童安全。

顶部设计有冲洗口，打开后插入相应的水管进行清洗，保持清洁。

后部设有散热出风口和电源总开关，以及电源插线口，后背板设计为可拆卸，方便维修。

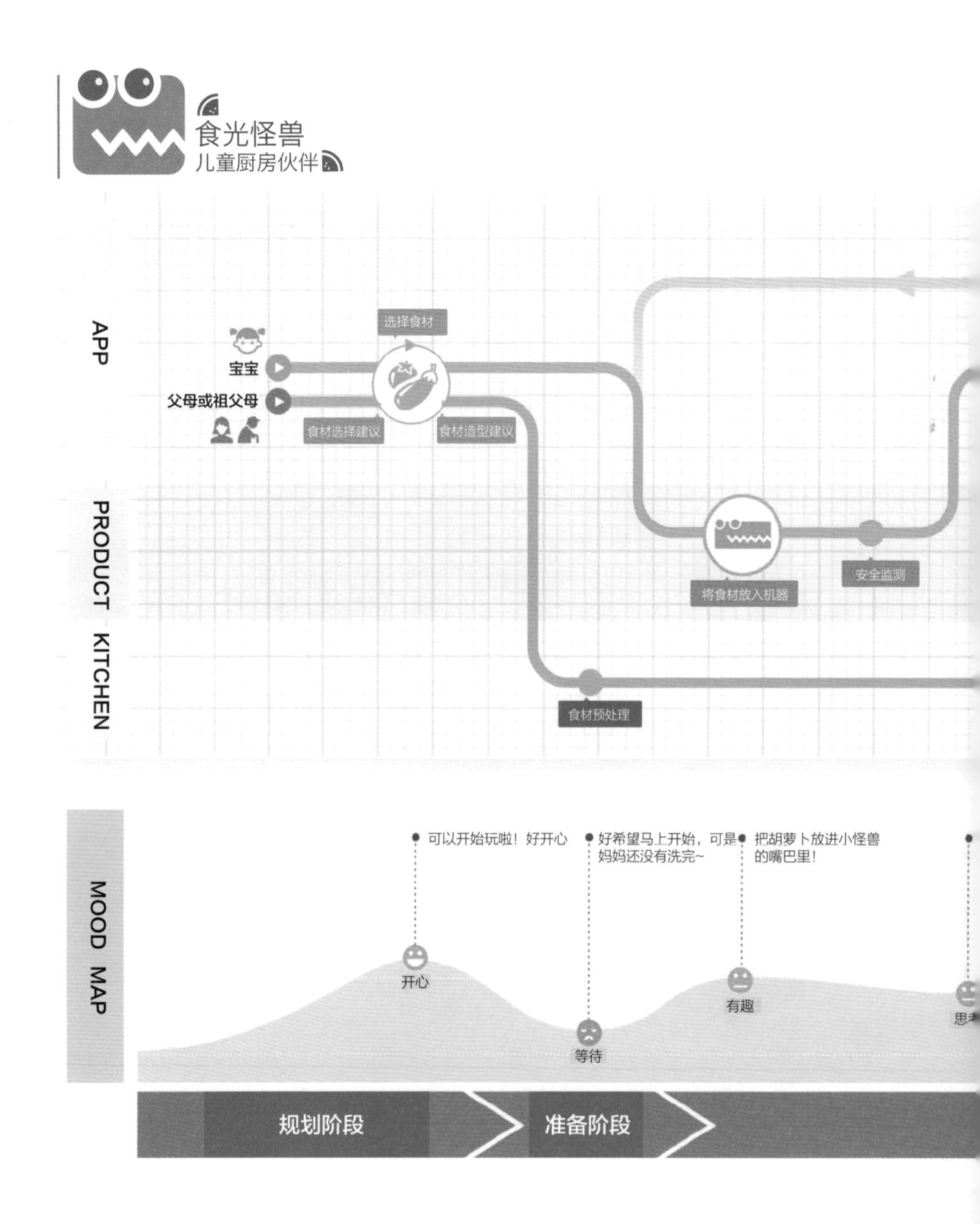

食光怪兽
儿童厨房伙伴
APP
PRODUCT
KITCHEN
选择食材
宝宝
父母或祖父母
食材选择建议
食材造型建议
将食材放入机器
安全监测
食材预处理
MOOD MAP
可以开始玩啦！好开心
好希望马上开始，可是妈妈还没有洗完~
把胡萝卜放进小怪兽的嘴巴里！
开心
等待
有趣
规划阶段
准备阶段

APP 功能介绍：App 作为辅助产品完成任务的线上端，除选择食材、选择刀头形状外，还有推荐食谱，以及拍照记录孩子成长过程的功能，长时间累积可打印出成长记录册，让整个过程更有意义。分享的功能可以让远方的祖父母了解孩子的成长。

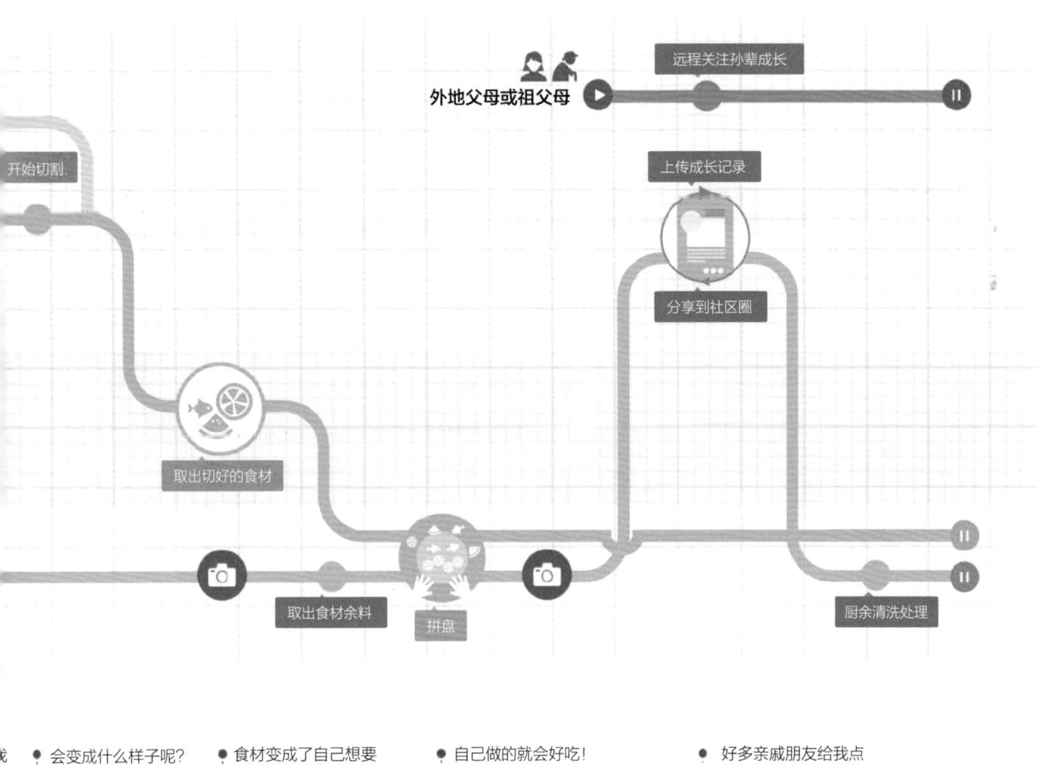

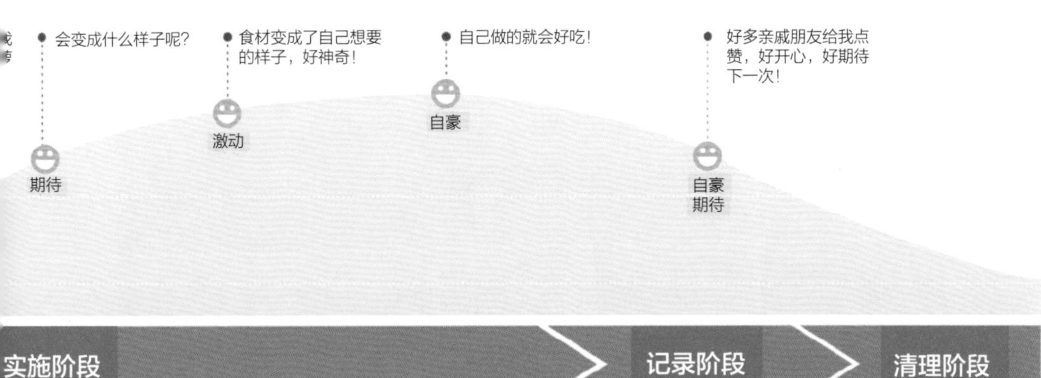

欢迎界面

选择界面

学龄儿童模板

设计成果 故事板

1. 妞妞，妈妈和爷爷在家好无聊　2. 爸爸给他们买了一个食光怪兽　3. 周日妈妈和爷爷陪妞妞操作小怪兽　4. 妞妞过了开心的一天

我们可以做到

· 安全第一

厨房里的煤气、热水、刀和火等毕竟存在很多不安全的因素，食光怪兽将厨房中的刀具使用集中在怪物切菜造型机中，刀具放置和使用过程均通过安全设计。

· 共同参与规划

由于每个小孩的个性、喜好有所不同，让孩子和家长协同规划，共同决定并完成食物制作，促进代际沟通，培养孩子自主意识和协作精神。

· 循序渐进

怪物机器和 APP 给孩子一个渐进的过程，可以根据孩子的年龄进行配合和辅助，同时给予孩子渐进进入厨房的机会。

· 创造力培养

孩子利用食光怪兽切菜造型机能提高对颜色和形状的认知，同时利用不同的食物的形状素材进行创作，让孩子充分发挥想象力和创造力。

· 展示空间

通过在 APP 上制作孩子的成长日记，同时在社交软件上分享孩子的创作，既满足孩子的成就感，也达到了趣味展示的作用。

烹饪小当家·独居新概念

——台湾云林科技大学团队

团队展示了台湾租房和饮食文化，
前期五位典型用户调研总结出设计问题点，
通过直觉无意识涂鸦、群体印象联想词、幻想故事 、剧情分享，
设计出烹调用餐一体机，
展示出狭小空间居住年轻人的使用情景。

Characteristic Pratical Team

台湾云林科技大学团队介绍

面向台湾城市年轻租住一族，从台湾当地入手，分析城市环境、租屋现况、饮食文化。对5位住户进行个案访谈和实地调查。考察住户的租屋环境、厨房配置、生活习惯和饮食习惯，以及其饮食烹饪行为和流程。分析出对象特征和所面临的问题。

从工作环境、饮食观念、日常饮食、烹饪过程四个角度总结其行动中的影响，并针对厨房有无及大小进行进一步细分。

通过直觉无意识涂鸦、群体印象联想词、幻想故事、剧情分享的设计创新方法，设计出烹调用餐一体机，包括折叠桌板、可弯折水龙头、水循环系统、隐藏滑轨等模块，为极小空间设计。

2016’ 第六届中国工
2016’ the 6th Tsinghua
Academy of Arts & design,

教师访谈

杨静
台湾云林科技大学指导老师

编者：台湾云林科技大学的同学们在前期调研中是如何确定目标用户的？

杨静：我们针对的是台湾80后的租住族，大约为25~35岁，毕业工作一段时间了的年轻人，主要以未婚人群为主。我所在的设计研究所正进行生活研究，即生活形态与工业产品间的关系，包括环境、对象、作息、饮食习惯等。因此本次工作坊前期调研也将沿用此方法。

团队内，来自大陆的研究生负责调研，当地学生寻找适合深访的目标用户。研究的主要地点是大都会，从不同的住宅类型入手，考虑厨房的使用模式（如有的租房种类不提供厨房，因为怕火灾所以不允许做饭）；同时除了住宅环境之外，上下班的交通也在影响因素之内。深度调研中寻找到不同性别、住址、职业、经济情况的被访者，包括住宿舍的、自由职业的、三班倒工作等不同背景和习惯的人，尽可能建立出5种典型且互有区别的租住模式。对未来的厨房模式也有涉及，但目前还只是愿景层面。

编者：在各团队调研汇报后，有没有感受到台湾和大陆研究思路的不同？

杨静：是的，我们希望在调研中找出台湾与大陆的差异。观察调研汇报后，我认为台湾与大陆的设计研究

“台湾与大陆的设计研究方法没有根本性的差异，在住宅和饮食上的调研趋同，逻辑和思考水准也较一致，只是表达方式有差别；但内容上如饮食、租住习惯还是有微妙差异。”

方法没有根本性的差异，在住宅和饮食上的调研趋同，逻辑和思考水准也较一致，只是表达方式有差别；但在租房时提供的环境、年轻人的租住甚至合租习惯，以及饮食文化上还是有微妙差异。

例如台湾的特色之一是丰富的夜市和小吃，年轻人不用厨房也很方便。当地也有一种小卖场，会提供搭配好种类并稍加处理的蔬菜，量也较少，适合健康饮食的人或节食女性；在周末朋友聚餐时，这种快捷蔬菜包也很适合使用。这些相对来说是台湾特有的，因此会考虑发展这种背景下的设计。

编者：Theinert 教授的指导，给同学们带来怎样的启发？

杨静：我们受到指导教师 Theinert 教授很多帮助。团队很喜欢他以画图和编故事切入的方式，既有趣又能激发想象。他很重视前期故事的自由联想，并强调幻想才能指引未来的发展方向。一开始团队急于直接解决问题和任务，Theinert 教授引导学生认真审视故事，并将幻想的思维模式充分发挥。他对过程的肯定和鼓励容易激发学生的动力。学校的教学中侧重设计过程，与这边相反，是宝贵的体验。

前期研究：台湾单身租屋族生活与饮食

台湾租屋现状

城市的繁荣与发达，吸引各地的年轻精英到城市就业发展，然而台湾房价高涨，超出年轻族群的支付能力，且年轻人工作较不稳定，必须依据经济能力、偏好与需求状况来决定中短期居住需求的租屋类型。

台湾年轻人常见租屋类型可分为四种：套房，整层住家，楼中楼，雅房。

台湾饮食生活

台湾深受中华民族饮食文化的影响，近代发展过程中受到外来饮食文化冲击，国际饮食逐渐进入台湾餐饮市场，成为多元化风格，并开启了台湾的新饮食生活。

随着社会的快速变迁，年轻族群工作忙碌，生活节奏加快，饮食以便捷快速为首要考虑。

早餐店与便利商店及小吃摊已成为上班族经常光临的场所。

前期研究 台湾租屋

套房

具备全生活必需设施，独立卫浴设备。

多半希望拥有自己下班或下课后的私密空间，套房成为现代年轻人租屋的优先选择。

整层住家

一个房间以上，以居家生活为主。

大部分以学生族群居合租多，将住家整层租下后，可平均分摊租金，且较单人承租独立套房来得便宜。

楼中楼

套房分隔的上下两层。

通常为上班族与学生居多，相较单人承租独立套房来得贵。

雅房

具备全生活必需设施，房内无个人卫浴设备。

一层楼与不同职业的人合租，可平均分摊租金，相较单人承租独立套房来得便宜。

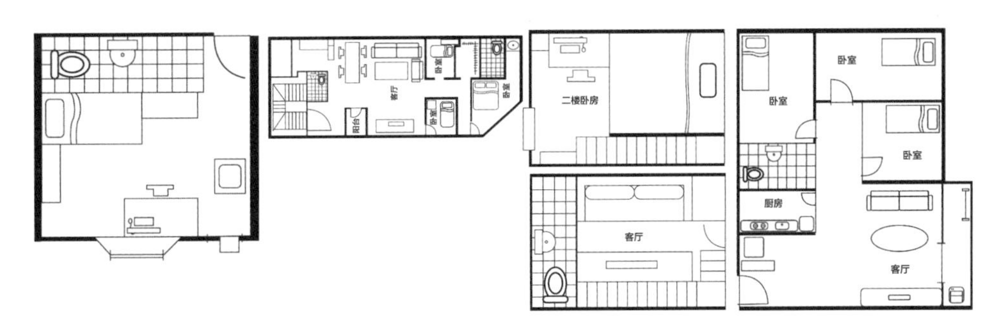

前期研究 访谈调研

调查对象

5 位年轻“租住一族”，分布在新北市、桃园市、台中市与台南市。

调查实施

访谈以速记与录音形式记录，实地调查拍照记录，并测量记录租屋配置，尤其是厨房空间。

访谈编码

MAXQDA (Max Qualitative Data Analysis) 整理访谈结果，以代码分类。

代码列表		
H 年轻“租住一族”	H1 工作	
	H2 生活作息	
	H3 饮食观念	
	H4 饮食偏好	
	H5 对现状的看法	
	H5 烹饪经验	
B 饮食烹饪行为	B1 日常饮食	B1-1 早餐
		B1-2 午餐
		B1-3 晚餐
		B1-4 宵夜
	B2 烹饪前行为	B2-1 食材购买
		B2-2 食材清洗
		B2-3 食材处理
		B3-4 食材储存
	B3 烹饪行为	
	B4 烹饪后行为	B4-1 厨余处理
		B4-2 吃剩食物处理
		B4-3 厨具清洗

Zhang	Zhong	Ruan	Gao	Wang
28 岁 单身	27 岁 新婚	23 岁 单身	25 岁 单身	28 岁 单身
医疗业务自营者	工程师	医院行政人员	木工	医院护理师
租住地 台中市	租住地 桃园市	租住地 台中市	租住地 台南市	租住地 新北市
整层住家无厨房	套房（配厨房）	套房（无厨房）	宿舍（无厨房）	整层住家有厨房

用户访谈分析

阮小姐租屋的房型，属于学生型独立套房，一楼层分租两间房，提供全配家具、冷气机、冰箱、电视机；洗衣机、饮水机为一栋住宅租屋者共享使用。

此租屋处未设有完善的厨房设备，受访者有购买些许较简易的烹调器具，平时会烹饪些较为简易的料理，如：煮面条、烫青菜、蒸蛋与烤土司等；但因工作繁忙，已许久未开伙。

因空间的问题，直接将清洗过后的餐具放置于浴室内的架子上晾干、放置。

受访者为医院行政人员，上班时间规律，但较为忙碌，常加班；周末要上进修课程，饮食时间与作息时间较不规律。没有吃早餐的习惯，上班日的午餐会在医院附近吃，厌倦吃便当，晚餐会因为加班较多，时间不固定，以外食为主；假日早午餐一起吃，一般选择外带为主。

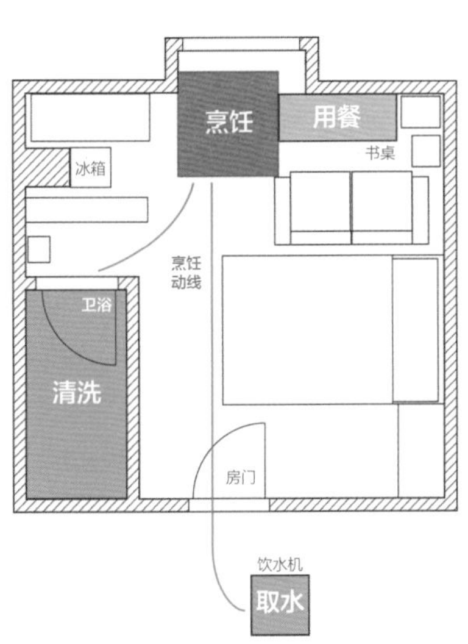

前期研究 调研总结

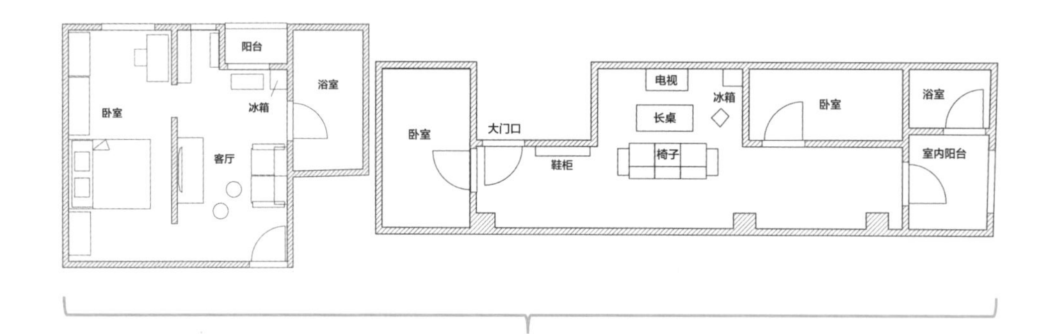

工作与饮食	饮食观念	烹饪行为
· 工作忙碌，饮食不规律	· 强调方便快捷	· 有厨房偶尔，没厨房不煮
· 时间固定，饮食规律	· 注重健康	· 空闲时烹饪
· 轮班，三餐时间不固定	· 注重口味	· 烹饪以休闲娱乐和增进友谊为主
	· 考虑餐费价格	

前期研究 创新训练

直觉无意识涂鸦

群体无印象联想

幻想故事剧情

剧情一 平安夜奇遇

祥和的平安夜，一只敷着面膜的僵尸和戴着面具的超级马里奥在捷运站地图前相遇，互相把对方吓得要死，他们打了起来，水管打爆，楼梯变成瀑布。

剧情二 超人调解矛盾

这时候扛着松鼠的咸蛋超人过来了，超人看不过去，撕开两人面具面膜，成功化解了两个人的矛盾。

剧情三 婴儿天使最 6

婴儿天使下来了，说了一句赞，把松树变成了圣诞树，僵尸说了一句 666 把鸭子扔过去，天使把鸭子变熟了。四个人在树下吃着烤鸭，开心过圣诞，天使飞走了。

设计成果：烹饪小当家

- 针对单身租屋无厨具设备者，烹调、用餐一机合体。
- 可弯折水龙头，水槽与切板空间共享，折叠式炉具与餐桌等收纳功能，节省空间。
- 具有储水槽，可再用循环系统与厨余处理机能。
- 升降式吸油烟机与启动显示灯，并有照明设备。

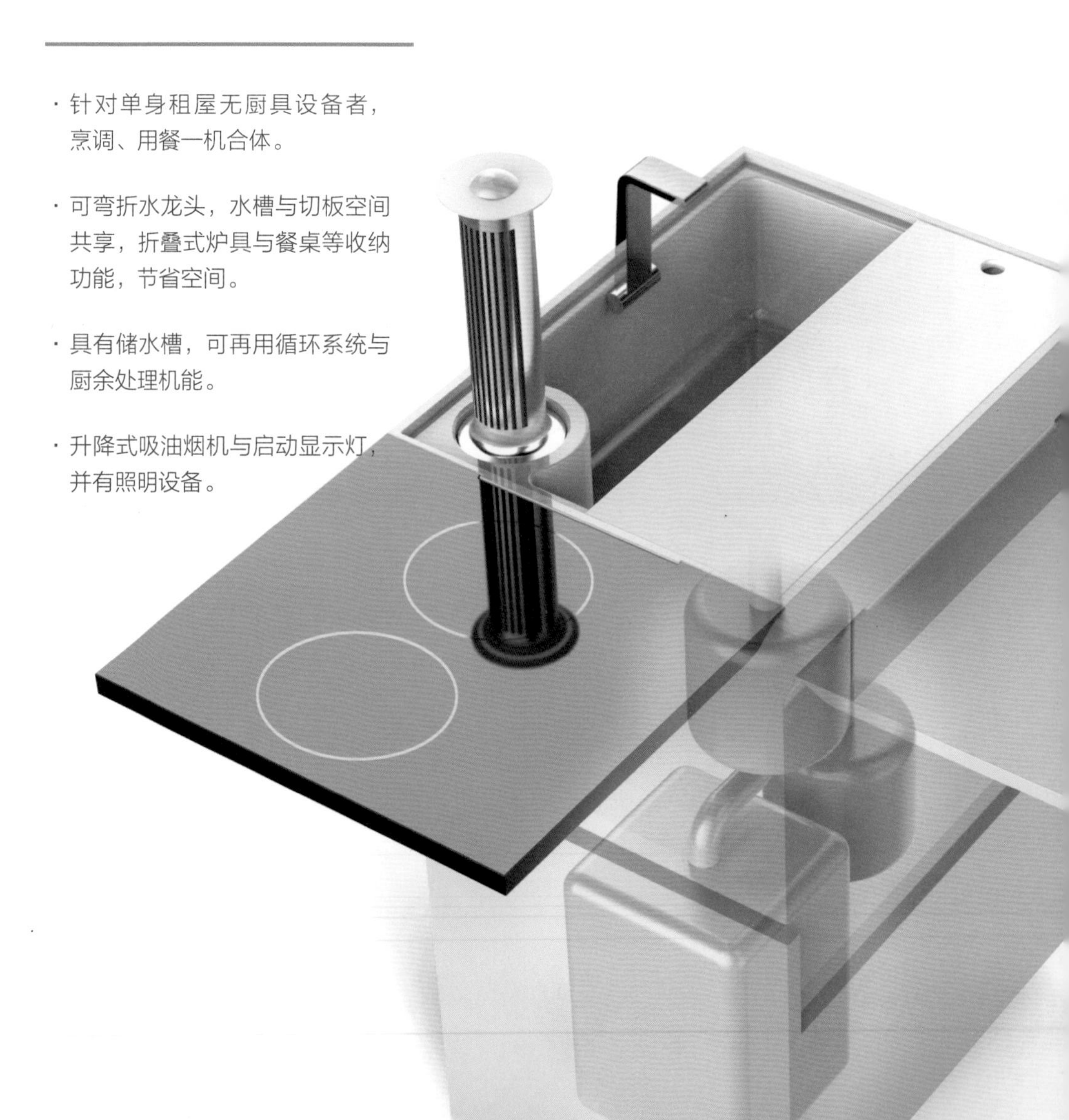

可弯折水龙头

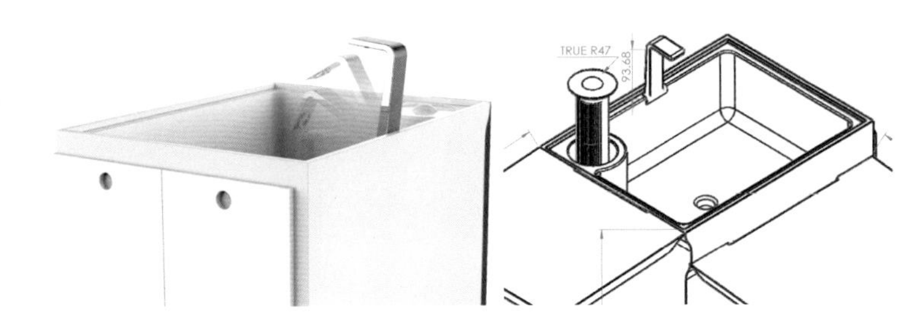

水的循环系统

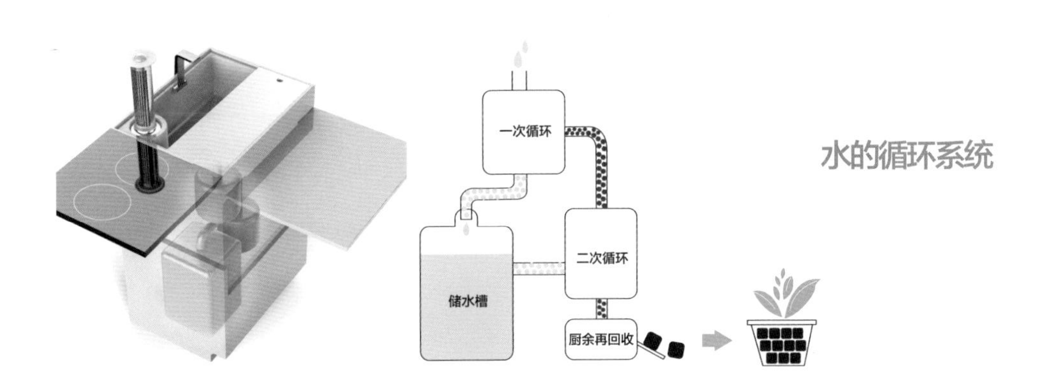

隐藏式滑轨

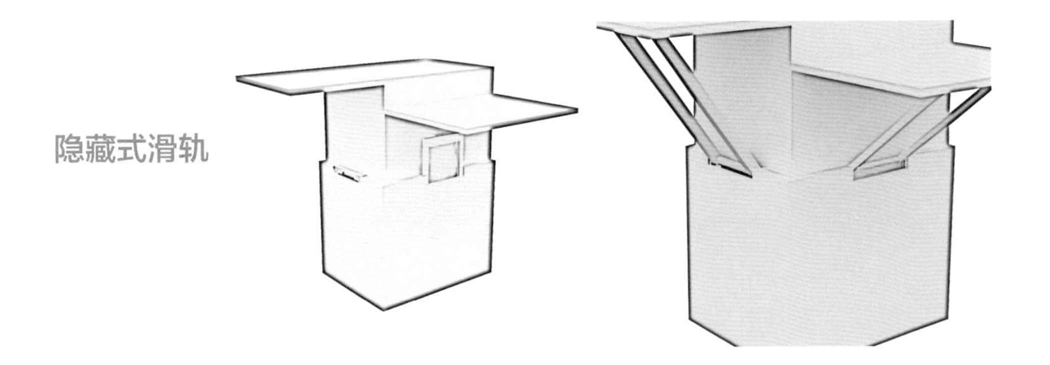

准备与清洗

· 水槽与切板共享空间并可转换

· 水龙头可弯折

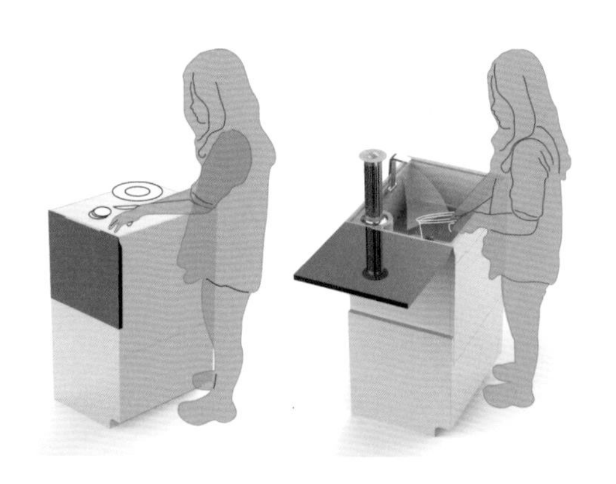

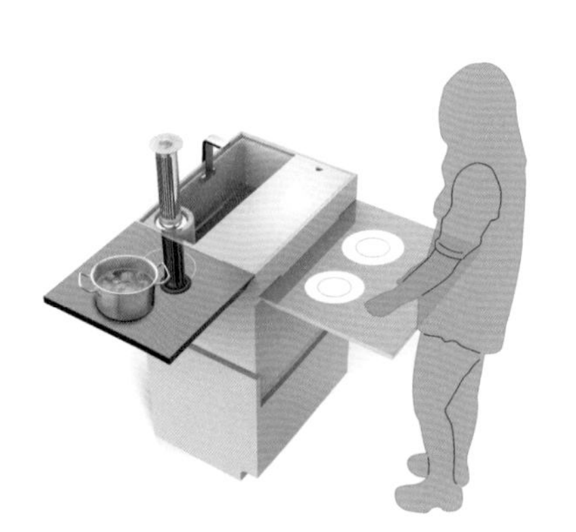

烹饪

· 可折叠 IH 电炉

· 圆筒式抽烟机

· 圆环状照明

用餐

· 滑轨式折叠餐桌

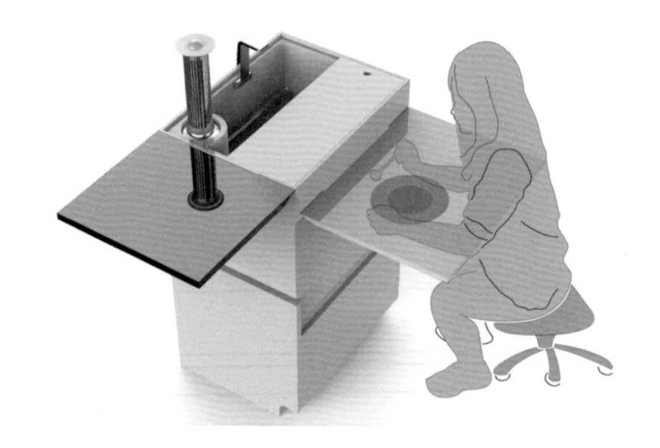

彼案 · 协同餐厨平台

——中南大学团队

针对单身人群及租住一族，
对 5 位不同性别和租住环境的用户进行深度调研，
提取设计点，归纳情感需求和未来厨房发展趋势。
设计方案“彼案”情侣 / 夫妻协同餐厨平台，
实现协同、关爱、娱乐、交流、互助。

“

United Sensitive Team

中南大学团队介绍

中南大学连续五年深度参与厨房设计工作坊，今年团队前期经历背景资料收集、调研准备和实施、汇总分析等步骤，分析城市年轻人的四个特点：移动互联网行为、社会参与、自我认知清晰、消费观追求个性；以及他们吃饭凑合的原因。

同时对5位不同性别和租住环境的用户进行深度调研，收集房间布局、厨房厨具、烹饪习惯、时间花费等角度的资料，从用户情感体验中归纳问题。提取设计点，找到情感需求和未来厨房发展趋势。

基于古代礼仪设计出“彼案”情侣/夫妻协同餐厨平台，实现互助、关爱等需求，展示关键词下的使用场景。

创新
23%
48%

教师访谈

刘磊
中南大学团队指导老师

编者：中南大学的同学连续参与了五届厨房工作坊的竞赛环节，今年的团队在调研方向上有所不同吗？

刘磊：是的，我们从第一届工作坊就开始参与活动，已经是该竞赛的常客。本次收到的主题是关于年轻人和租住一族的，在定义上比往年更具体。

编者：对于中国厨房，您从设计的角度是怎样理解的？

刘磊：我所在工作室正准备开展社区厨房的研究。在家庭厨房使用率下降、科技将产品细分和多功能化的背景下，过去的厨房模式不再被需要，要扔掉已无用的厨具来腾出空间。从各地团队调研中也能看出饮食的社会化倾向。因此确立出厨房的主要意义在于发挥新功能，工作坊期间也会向这个方向发展。

编者：是如何找到设计定位的？

刘磊：团队初步定位用户为同居的恋人或两口之家，计划将厨房作为小型互动中心展开设计。同时依据中国传统文化中“礼”的观念，促进夫妻间的相互尊重、包容，以及共同下厨行动的亲密感。具体实施中，可能将厨房简化为一个小型工作台，赋予娱乐、沟通的属性，并强调“动”的亲密感。具体实施中，可能将厨房简化为一个小型工作台，赋予娱乐、沟

“依据中国传统文化中‘礼’的观念，促进夫妻间的相互尊重、包容，以及共同下厨行动的亲密感。”

通的属性，并强调行动中“协同”的作用。由于时间限制，设计主体暂定为方式设计，将重心放在构建行为方式上，而非产品本身的具体方案。

编者：对于石振宇教授的指导，团队是如何融合和消化的？

刘磊：中南大学这一届受到石振宇教授指导，但在过去几次活动中对两位指导教师都有了解。考虑到两位导师的文化和经历差异，他们体现出的带队风格也不相同：Theinert 教授主要站在设计和设计师的角度研究产品，重视功能和行为方式，更专注于问题上；而石教授的思维比较活泼，他本人也经历过我国过去几十年社会和意识形态的变化，对问题更敏锐。

编者：我们看到中南大学一直入驻的是宏翼设计，企业在这几年中为同学们提供了行业一线的信息吧？

刘磊：我们团队 5 年间都与宏翼企业进行对接。对方每年会介绍企业运作和发展，让学生了解设计公司和企业的实际操作与运营。由于该企业内汇聚从原创、研发、制造到销售等的全产业链，对设计的认识比纯设计公司更全面和系统，因此能更好地让学生认识设计产业，在设计之外认识到生存和资金等现实问题。

前期研究：都市租住一族调研

都市年轻人特点

在城市的各个角落，分散驻扎着这样一些人，他们单身，选择独居或者合租，他们作为年轻一代在城市中面临着生活的压力，他们有着对梦想的坚韧和执着。他们坚信只有有着对阳光的推崇和信仰、对生活的积极和向上，才能够实现梦想。

· 移动互联网行为

愈渐严重的手机依赖症。他们习惯使用手机购物、阅读及订制服务，也乐于接受新媒体营销。

· 社会参与

对于中国年轻人来说，在互联网上与人交往和建立社交圈，由此充实自己的生活，参与社会活动，已经成为一种生活方式。

· 自我认知清晰

超过一半的年轻人知道自己的价值在何处，他们是有勇气面对自己的一群人。注重美。新一代年轻人有更大的自信和勇气去改善自己的外形，健身、跑马拉松、减肥、整容都有很高的追捧度，他们也追求更健康、更美、更有尊严的活法。

· 消费观追求个性

当代年轻人追求消费时尚，消费行为往往强调个性和象征性，求新求美求变求异。超前消费、攀比消费和冲动消费，注重身份，讲究情调。

大多数城市年轻人正处在人生的奋斗阶段，他们住在出租房里，空间狭小，生活节奏快，工作压力大，对于吃饭正变得越来越凑合。

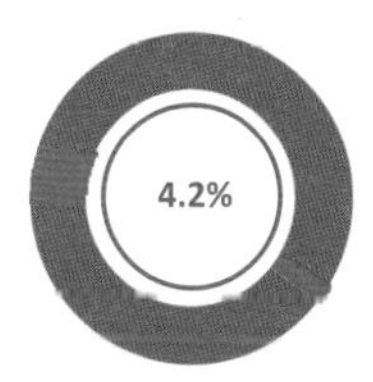

工作日
三餐花费时间

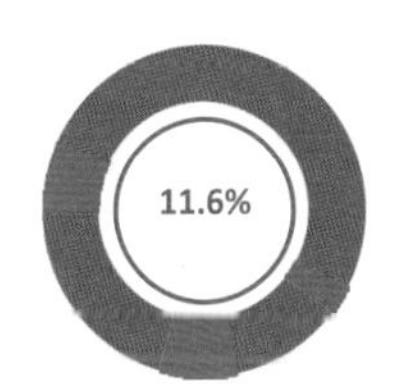

休息日
三餐花费时间

原硕 + 程恺

做饭费用占
日常消费比例

房租占
日常消费比例

年龄：25 岁 /27 岁
婚姻状态：初婚

两人的居住与工作地方距离较远，一日三餐基本在公司解决，周六日偶尔在一起做饭，生活比较单一，属于两点一线式生活。

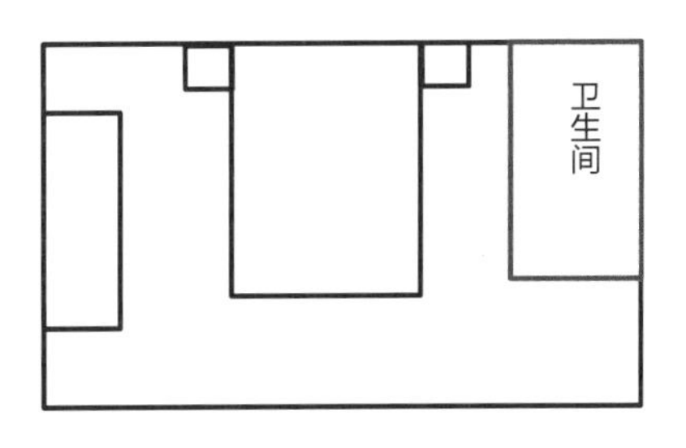

前期研究 用户调研

调 味 品	6	
烹饪器皿	2	
厨房用具	3	
刀　　具	1	
砧　　板	1	
餐　　具	6	
烹饪电器	1	

住房信息

住房面积较小，没有额外的厨房面积，环境条件较差，厨具简单，只满足一些基本的做饭使用。

烹饪习惯

两人偶尔做饭，喜欢做简易方便快捷的食物，但同时注意养生健康，很少使用厨房。

价值观

希望可以通过自己的努力让生活更好，每天都是积极向上的生活态度。

问题

- 没有可以满足做饭的空间。
- 两人之间的互动交流较少。
- 缺少可以娱乐的平台。
- 工作时间较长，做饭步骤繁琐。

需求

- 安排合理的做饭空间。
- 增加一种可以相互之间交流的平台和方式。
- 增加娱乐性和趣味性。
- 针对使用租住型、使用频率低的人群提供一种新的生活方式。

前期研究 关键词提取

恋人或初婚

厨房使用频率低

将烹饪当成生活调节

基本依赖社会化饮食

厨房将由“厨”取而代之

在现代人的生活中，厨房的使用频率越来越低,厨房的功能正在逐渐消失，厨房将由“厨”取而代之。

依赖社会化饮食解决就餐问题

社会服务的提升，使工作繁忙的年轻人主要依赖社会化饮食解决就餐问题；要么点外卖，要么下餐馆吃，不愿意自己进行烹饪。

信息技术发达，人之间的交流越来越少

信息技术发达，年轻人回家一般都是各自玩手机，做自己的事情，相互的交流越来越少，情感也随之淡化。

设计成果：彼案

彼案

LOVE BENCH

彼是指他，他们；

为“他们”而设计。

案是指案台，带有厨功能的工作台。

案有谐音“岸”通佛教彼岸，有修成正果的意思，意喻美好的愿望。

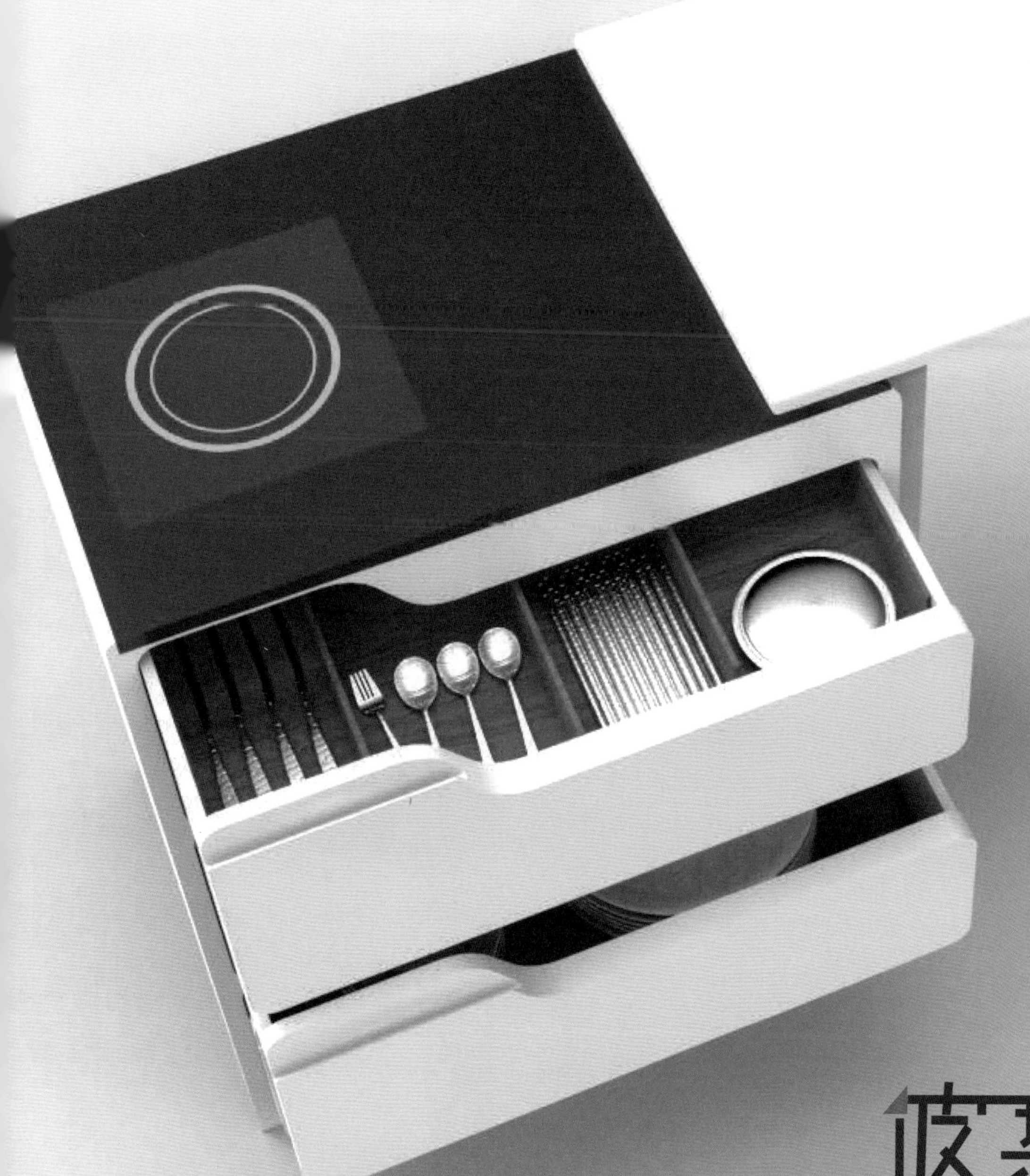
依家
LOVE BENCH

协同 synergism

夫妻二人共同完成料理，一起完成美食的制作，
感受协同的快乐

互助 mutual assistance

夫妻间相互帮助，一起做料理，分享自己的美食

交流 communication

在忙碌的工作之余，坐在桌边分享美食，相互交流，促进情感

关爱 concern and love

下班回家沏茶，喝咖啡，缓解一天的疲惫，感受夫妻间的暖意

95 后 · 家的味道

——广东工业大学团队

以 95 后的生存状态、人群特点、对厨房的理解为研究起点，
发现年轻人对厨房厨具的理性实用与感性追求品质并存，
“家的味道”智能厨具 + 通信套组，
建立起连接外漂族与父母的下厨体验的通道。

Expressive
Pragmatic
Team

广东工业大学团队介绍

广东工业大学团队在前期调研中表现出很扎实的研究能力，从中得到了很多有价值的设计发现点，后期的方案非常务实、落地，设计表达清晰、具体。

广东工业大学面向95后年轻人，以及93、94后等刚毕业的学生。从二手资料中分析目标人群的特点、厨房功能的演变和分类、常见厨房结构、目标人群厨房和厨具使用习惯等，并初步提取出设计点。

在广州和深圳选择6户家庭深访，并将其分为重视实用性和追求品质的两类人群。从生活形态 / 个性特征、厨房厨具使用方式、下厨过程三个角度分别寻找痛点。理性实用与感性追求品质并存。

教师访谈

张曦
广东工业大学团队指导老师

编者：预调研汇报中看到你们进行了很多二手资料的分析和整理，前期是如何安排的？

张曦：我们团队设计调研的关键词以 95 后、厨房、厨具为主。在前期调研中，通过二手资料和个人深度调研的形式收集资料，并初步归纳出设计点。

由于中途才了解到是偏向 95 后和面向未来生活的设计，整体的调研时间偏紧，因此从新闻等二手资料入手，并采用头脑风暴等模式辅助关键词确定，随后再进行用户深访。

编者：在地域上广东工业大学的调研是否具有特殊性？

张曦：是的，经过各个团队调研汇报后，我们发现这次调研具有比较独特的广东地域性，如案例中有换房频繁的现象，是工作岗位丰富的大城市才多见的。最终团队整理出两种典型模式，从狭小的租住空间和空间赋予的住户两个角度展开设计。

编者：广东工业大学的团队组成是如何的?

张曦：本次参与工作坊的学生为两名本科生和两名研究生，同时前期也有其他学生参与准备工作。在设计城这几天我和同学们一同工作，亲力亲为，会深入引导学生，师生共同参与前期研究和讨论。

“我会深入引导学生，师生共同参与前期研究和讨论。我们发现这次调研具有很强的广东地域性，例如换房频繁等。”

编者：我们看到这次抽签分组结果，广东工业大学团队编入了外方指导 Theinert 教授下，几天的接触和学习中，他对团队产生了怎样的影响？

张曦：广东工业大学不论是教学还是设计思路都比较偏理性务实，而 Theinert 教授的思维很开放，为学生带来不一样的感受。在第一天下午的关键词联想活动中，他指导学生们不要仔细思考解决问题，先畅想起来。学生们一开始不知道要做什么，但在过程中能享受到有趣感，并逐渐开拓思路，在表演和想象中发展关键词，并再回到设计上。

编者：对于后期设计方案的确定有所帮助吗？

张曦：是的，Theinert 教授的方式并不是一味地扩散，而是在随后开始逐步收敛，回到厨房的主题并与之结合，而后再对内容进行畅想，螺旋式前进，从方式和思维上仍具备理性特征。

前期研究:
95 后的厨房生活

前期研究 厨房功能的演变

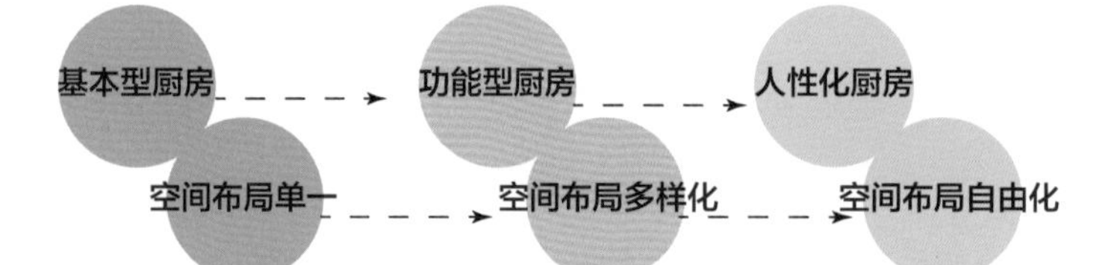

筒子楼厨房　合用厨房

单列型　双列型　L型　U型

一人户开放厨房　二人户开放厨房　开放式厨房　烹饪区封闭型厨房

一人户单列型厨房　二人户封闭式L型厨房　一人户开放式L型厨房　丁克两人户单列型厨房　丁克两列L型厨房

两居室空巢U型厨房　两居室三口之家单列型厨房　两居室三口之家L型厨房　两居室三口之家U型厨房　两居室空巢单列型厨房

近代厨房	现代厨房
■ 基本型厨房	■ 常见形式　■ 开放与封闭形式　■ 一居室住宅厨房　■ 两居室住宅厨

前期研究 厨房结构

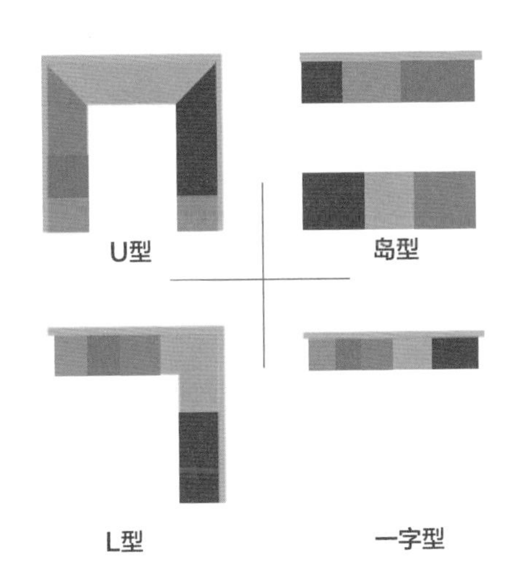

三居室空巢家庭双列型厨房
三居室空巢家庭L型厨房
三居室空巢家庭U型厨房
三人户的单列型厨房
三居室三人户L型厨房
三居室三人户双列型厨房
三居室三人户U型厨房
三居室三人户L型厨房
三居室三人户双列型厨房
丁克家庭储存布置
空巢家庭储存布置
三人户储存布置
未来厨房指令中心
厨房空间布局自由化
厨房空间布局个性化

未来厨房

■ 三居室住宅厨房 ■ 存储布局 ■ 未来厨房指令中心 ■ 自由化 ■ 个性化

前期研究 厨房与 95 后

95 后年轻人 · 关键词

关键词一：95 后

1995-1999 年出生，年龄 16~20 岁（青春期末期），大部分为高中生和低年级大学生，少部分工作，人口总数约 0.99 亿！5~10 年后，他们将成为中国社会的消费中坚。

关键词二：厨房

时至今日，厨房的功能、结构和布局都在随时间发生着改变，也被不同的人赋予不同的意义（社交、享受、解压）。

关键词三：厨具

厨具是厨房的核心组成部分，厨具受到地域文化和个人饮食习惯的影响而产生差异。

年轻人购买食材的途径更多了。以前得赶早去菜市场，现在社区超市甚至网络下单，就能轻松获得食材；超市或网络配送的食材多是半成品状态，省去了清洗过程；而智能家电使得烹饪过程更轻松简单。作为自我意识膨胀的 95 后群体，有强烈的自我展示需要，而厨房这时不仅仅是烹饪空间，更是交流、聚会、朋友圈分享的场所。

· 可以移动的厨房

厨房可简化为一个橱柜甚至一张厨桌，便于移动和空间调整，满足 95 后的移动就餐需求。通过利用可移动的操作台，在适当的时候扩大橱柜的工作面，增加厨房功能。

· 展示与交流

热衷于社交生活的 95 后，有展示厨艺和分享生活点滴的需求，95 后的厨房会更多强调交流空间的设计。

· 智能与收纳

喜欢烹饪、勇于尝新的 95 后，会倾向于在厨房配备更多的小家电和厨具，这类厨房设计更强调收纳功能的设计和智能化设计。

· 维系家庭情感的纽带

周末在家吃饭，从前期准备到上桌吃饭，甚至有一种仪式感。

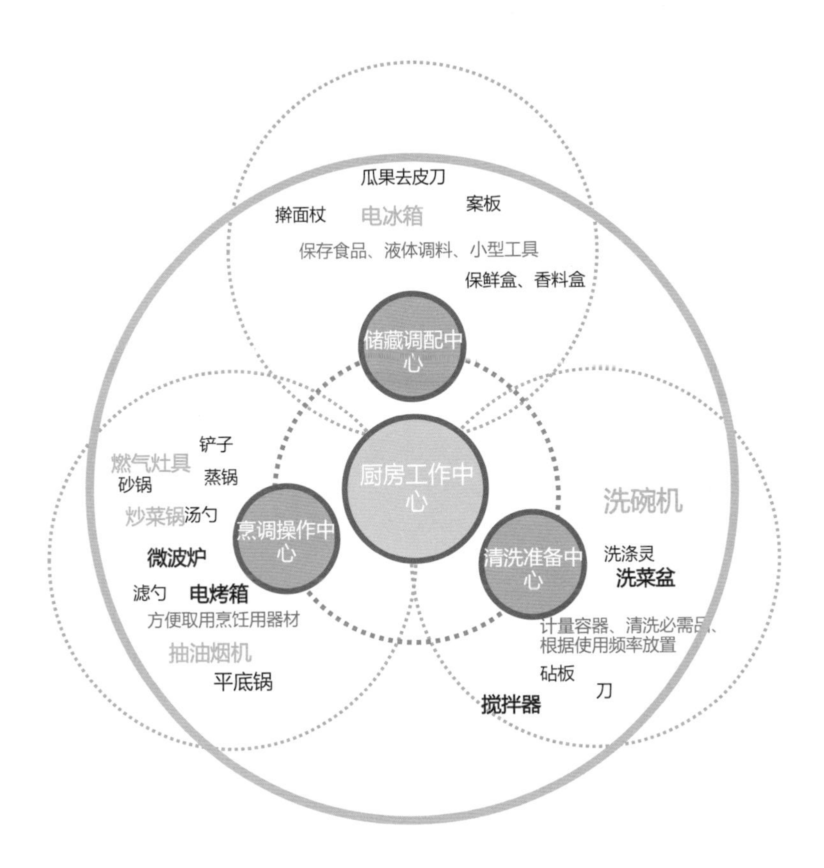

家电器使用频率

- 较高：冰箱、油烟机、燃气灶、炒锅、电饭煲、电水壶、电磁炉、洗碗机。
- 一般：榨汁机、豆浆机、电炒锅、电压力锅、电热锅、压力锅（碗柜、小橱柜）。
- 较低：咖啡机、冰激凌机、果蔬消毒机、搅拌机、酸奶机、多士炉、电烤箱、电饼铛、面包机、打蛋机、光波炉（高柜、收纳柜、下柜抽屉）。

做饭流程

- 储藏调配，清洗准备，烹饪调配。

与味道相关的关键厨具

- 电磁炉、刀具、砧板、锅铲、调味瓶。

前期研究 设计定位

· 通过厨房让 95 后更容易和远方的家人沟通交流，复制家的味道，感受家的温度。

· 利用物联网提供崭新的厨房交互方式。

· 符合当代中国城市租住一族的厨房套装设计。

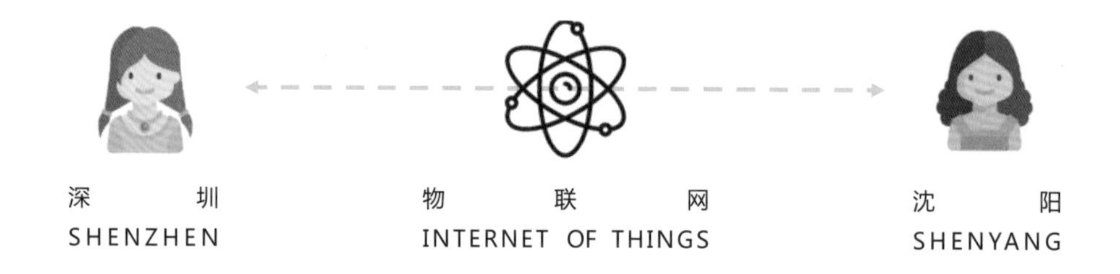

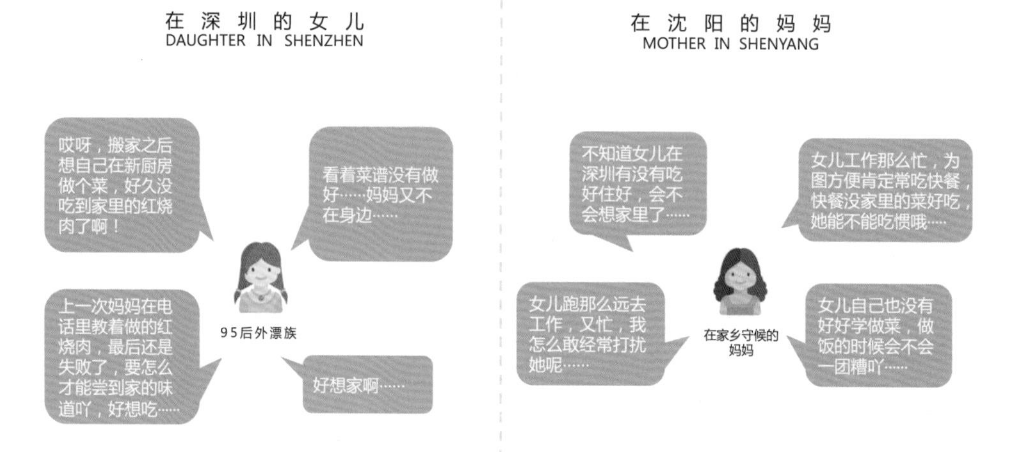

前期研究 技术支持

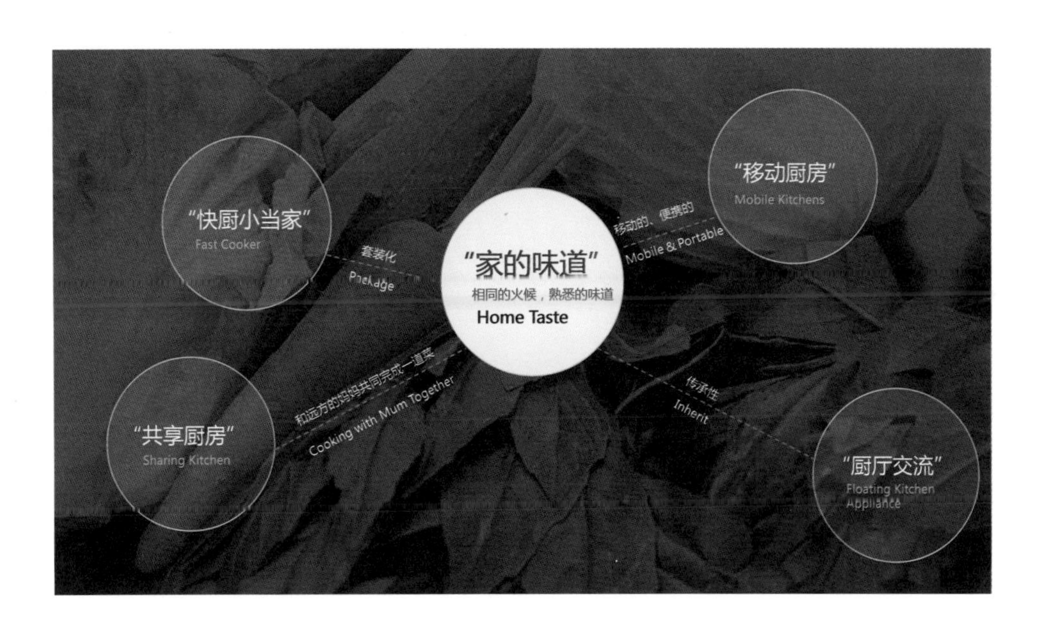

· 物联网

物联网通过智能感知、识别技术与普适计算等通信感知技术，在互联网基础上，延伸和扩展用户端至厨房用品之间，进行信息交换和通信。

· 云储存

通过集群应用、网络技术或分布式文件系统等功能，将大量不同类型的设备通过软件结合起来协同工作，共同对外提供数据存储和业务访问功能的系统。

· OLED 材质的触控屏

OLED 材质的触控屏设计，亮度显示清晰，本身支持多点触控，支持多个手指同时操作，实现智能灶的火候可视化，提升操控的便捷度。

· 陀螺仪传感器

陀螺仪传感器是一个简单易用的基于自由空间移动和手势的定位和控制系统，以确定母女切菜角度的匹配。

设计机会

Design Opportunities

前期研究 设计机会

· 快厨小当家

问题洞察：95 后一族经常需要带饭，而带一天的饭，往往需要早起，牺牲至少一个小时睡眠的时间来准备。有时候做饭人投入，或一个小心做慢了就影响上班工作。有些人习惯晚上烹饪好饭菜，有些人考虑到健康会起大早进行烹饪，因此“高效和健康”是他们的主要关注点。

设计机会：一种同时提供煎炸、炒菜、煮饭三种模式的协同烹饪机，共同利用热量的一体机。

· 移动厨房

问题洞察：大城市，小租房，厨房小，并没有那么多地方放置橱柜，常常就会用临时买的小架子等解决收纳需求。

东西散乱，对于常搬家的人来说不容易收拾。

设计机会：一种可以将厨具、厨房用品规整放置收纳，并能在需要时模块化移动的厨房置物系统。

· 厨厅交流

问题洞察：做饭时有时一人在客厅，一人在厨房，抽油烟机声音大，影响了双方的交流。烹饪的人想要拿必需品但抽不出身，客厅的人又听不到呼叫。在客厅的人想分享事物给厨房里的人比较困难。

设计机会：一种能够在厨房内外提供交流与互动的信息系统。

· 共享厨房

问题洞察：自己一个人就不想做饭了，切菜拿手，煮菜很糟糕，又很想吃住家菜。

渴望与别人分享美食，经常做了饭拍照发朋友圈，带出去跟朋友分享。没有自己的厨房，希望通过做饭表达自己。

设计机会：一个可以提供地方让多个用户一起做饭、交换菜式、与其他人一起用餐的共享系统。

劳动交换，菜品交换，厨房社交。

设计成果：家的味道
——95 后的厨房设计

做饭就是一次旅行，菜谱就是前行攻略，妈妈则是你的私人向导。“家的味道”是一套通过物联网连接外漂一族与在家乡的父母的厨具，其中包括了专属的智能灶、锅铲、刀具、砧板、调料瓶，实现两个厨房同步烹饪，利用厨房让远程家庭交流变得更简单。通过数据可视化、用量标准化、步骤程序化、技巧模范化，让远在其他城市的外漂族通过“妈妈的菜谱”品尝到家的味道，让对家的思念变得更美好。

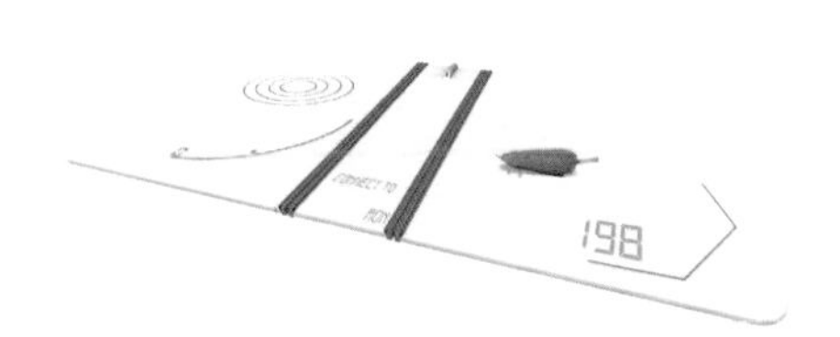

智能灶

智能灶火候可视化，更容易操作，妈妈可以远程控制火候，帮助女儿烹饪。

沟通板块

远程匹配女儿端与妈妈端，选择学习模式与教学模式，投影双方影像，交流更亲密。

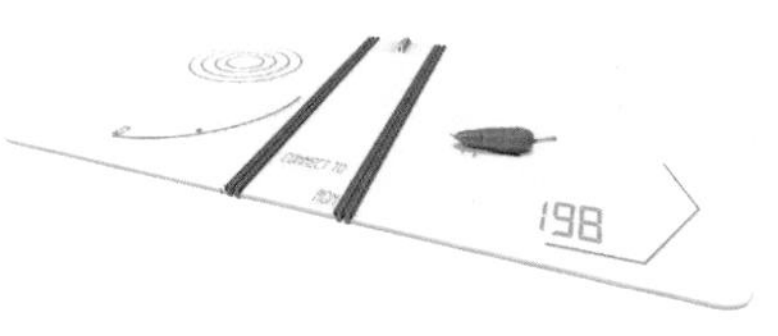

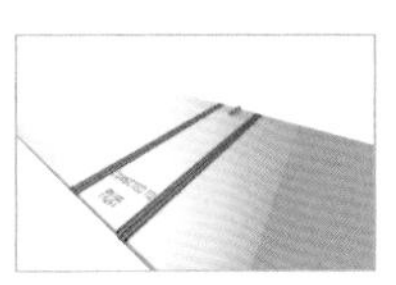

智能砧板

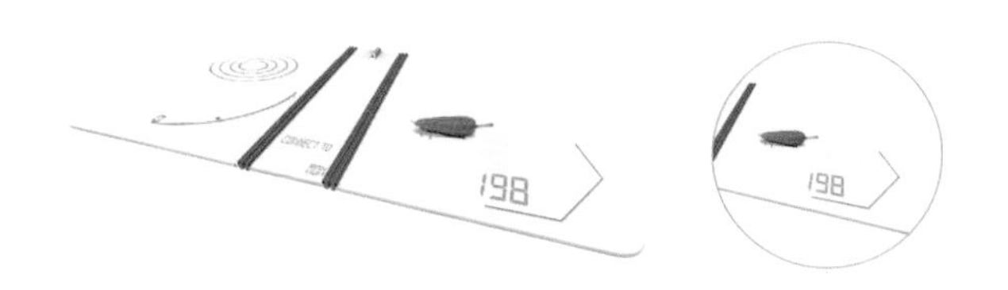

可称量食物重量，实现分量标准化，可以与刀产生交互，显示妈妈端切食物的角度。

震动反馈锅铲

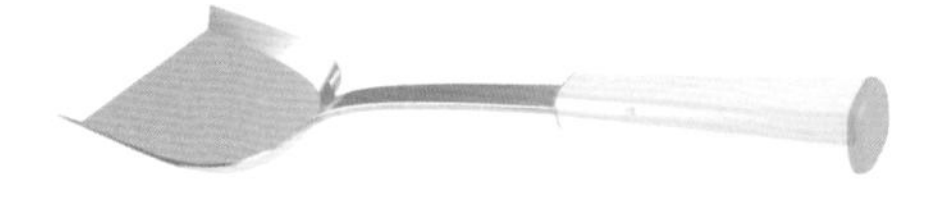

锅铲收集妈妈端翻炒的频率，以震动方式反馈于女儿端，帮助女儿学习烹饪。

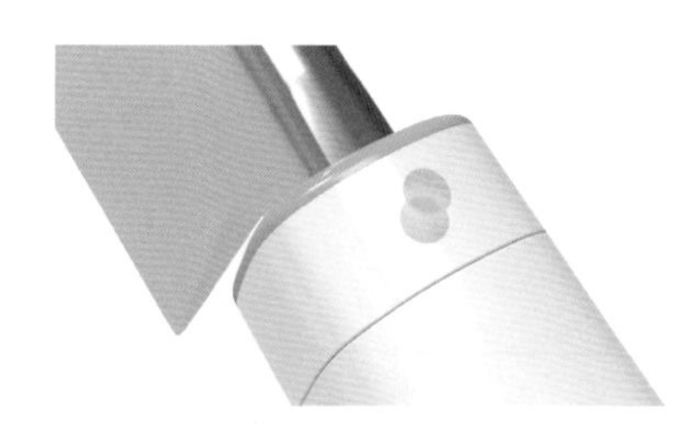

可学习刀工的刀具

刀具收集妈妈端切菜的角度，运用陀螺仪传感技术反馈于女儿端，刀柄屏幕上两圆交错，女儿转动刀具使两圆吻合，来学习妈妈切菜的角度。

固体调料瓶 & 液体调料瓶

当妈妈使用完调料瓶，用量的数据同步到女儿端的调料瓶，使菜式的味道保持高度一致，进而烹饪出家的味道。液体调料瓶中集合油、酱油和醋。

设计成果 使用场景

在 深 圳 的 女 儿

DAUGHTER IN SHENZHEN

在 沈 阳 的 妈 妈

MOTHER IN SHEN YANG

设计成果 使用场景

在 深 圳 的 女 儿　　在 沈 阳 的 妈 妈

DAUGHTER IN SHENZHEN　　MOTHER IN SHEN YANG

在 深 圳 的 女 儿

DAUGHTER IN SHENZHEN

在 沈 阳 的 妈 妈

MOTHER IN SHEN YANG

轻家·自主

——清华大学团队

空巢青年：为租住一族的特征和价值观画像，
从问卷和入户调研中洞察出共同问题：时间忙、空间小、流动性大。
将厨房变为未来城市生活的窗口，
改变传统使用和利用厨房的模式，创造一种新的生活方式。

>> 清华大学团队介绍
>> 教师访谈：岳威
>> 前期研究：租住一族的厨房新概念
>> 设计成果：自主化城市青年厨房服务系统设计

Well-rounded **Rational** Team

清华大学团队介绍

清华大学团队延续以往的设计思路，整体上看起来理性、系统，努力做到面面俱到。

从人（租住一族：人群特征、价值取向、使用频率）、物（厨房使用：使用的频率、特点、痛点）、环境（社会背景：文化、经济、环境因素）三个角度开展，研究厨房新概念。

根据问卷调研，为租住一族的特征和价值观画像，初步分析出他们的行为。

对五个用户调研（性格和环境、住房布局、一周饮食结构跟踪），发现存在的现象和问题，并给出解决思路。

总结出共同问题：时间忙、空间小、流动性大。

教师访谈

岳威
清华大学团队指导老师

编者：清华团队前期进行了非常详实的调研和分析，团队是如何协作的？

岳威：前期根据课题中“年轻”“租住”“人群”三个关键词整理思路，以合租为主。希望本次工作坊中能从 90 后厨房展开，发现新的厨房使用模式。工作安排的操作方式是分工到个人，让每个学生认领一个模块，同步制作 PPT、展板、设计框架，尽最大效率地利用时间。

第一天上午团队以消化调研内容为主，从其中找出重点，让每个组员都筛选出待解决的问题，并罗列选择，从被集中关注的问题上开始研究。同时师生们也在进一步细化研究对象，聚焦最需要厨房设计的目标人群。

编者：目标人群和方案定位有哪些亮点？

岳威：初步定主题为“空巢青年”，指单身且独自租住的年轻人。团队针对目标人群，从时间、空间、心理等角度分析出其特征：他们所处个人空间狭小，在公司花的时间很多；下厨时间少，经常吃外卖；交友圈较窄，易产生孤独感。从这些特点中推测，希望能将年轻一族的做饭时间与其他时间整合起来。设计进程将从大背景发展至厨具，并再回到社会层面的大环境中。

具体到设计内容上，考虑到厨房

“希望能将年轻一族的做饭时间与其他时间整合起来。设计进程将从大背景发展至厨具，并再回到社会层面的大环境中。”

与居住空间本身就会相互影响，所以会往居住空间甚至社区的改造上发展，提供包括产品、服务、系统的完整设计。例如配送半成品食物，节省做饭时间的服务，联系父母与子女的厨房空间，促进交友的服务，网络下厨直播等。仅专注于产品时，由于时间较短，产品本身很容易产生瑕疵和问题，因此偏概念化。同时新系统的建立也更符合 90 后的时代特征。

编者：我们看到这次抽签分组结果与以往不同，清华首次成为外方指导 Theinert 教授的团队，不知道这次有没有产生更多的化学反应，带来新鲜的设计思路。

岳威：这次清华团队的指导教师是 Theinert 教授。和之前往届的石振宇教授不同，Theinert 教授认为清华的学生太过理性，让他们先放空自己，从讲故事和想象中激发灵感。团队教师表示对此种训练方式也很认可，学生需要理性与感性相结合，基于逻辑去处理问题，并基于情感和创想去描述情景、讲故事，这样才能从双方面打动人。

前期研究：租住一族的厨房新概念

清华大学团队前期研究整体思路，从人（租住一族：人群特征、价值取向、使用频率）、物（厨房使用：使用的频率、特点、痛点）和环境（社会背景：文化、经济、环境因素）三个角度开展，研究厨房新概念。

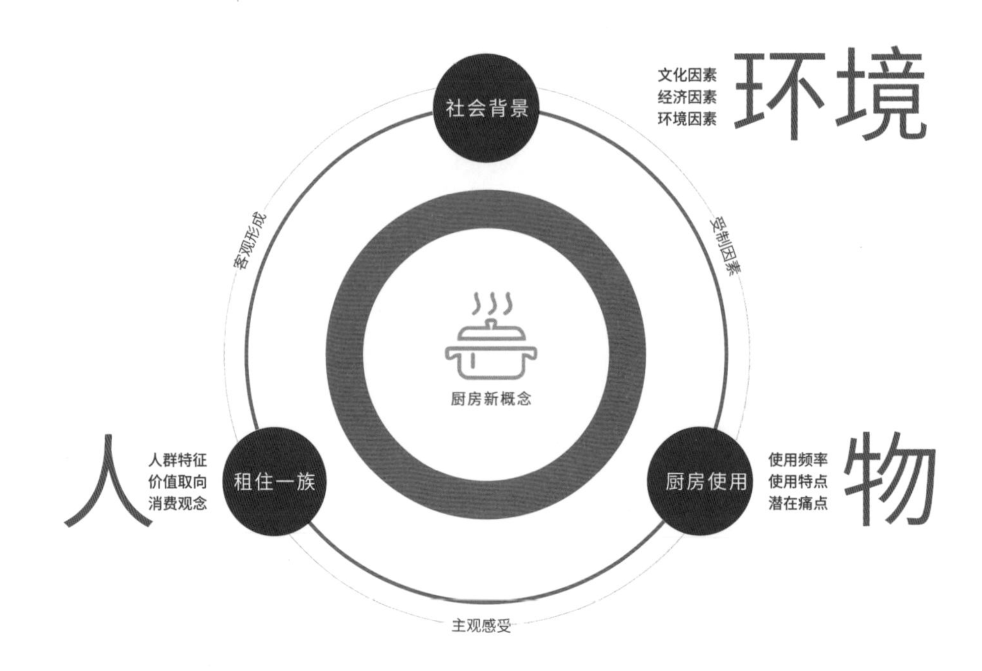

CHENG SHI

城市

关键词：快节奏 · 高房价 · 空间

NIAN QING

年轻

关键词：个性化 · 社交化 · 网络

ZU FANG

租房

关键词：局限性 · 移动性 · 共用

CHU FANG

厨房

关键词：安全性 · 便捷性 · 共享

前期研究 租住人群画像

租住一族的特征和价值观念

HOW DO THEY THINK

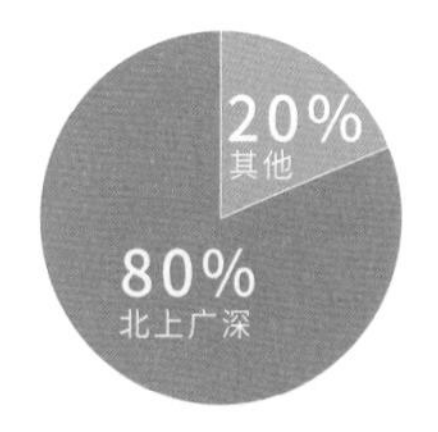

租房城市比例

1/5

25岁以下年轻人租房比例

22%
不确定是否定居该城市
23%
喜欢漂泊流浪的生活
55%
经济制约

租房原因比例

30%
合租
70%
整租

租房类型比例

原因REASON	心理状态FEEL	结果RESULT
背井离乡	缺乏安全感	不喜欢独自做饭吃
房东中介	心理紧张度高	不敢尝试新鲜事物
频繁搬家	不稳定的漂泊感	不愿意买太多设备
合租室友	拘束感和不自由	不会花费太多时间

前期研究 典型用户案例

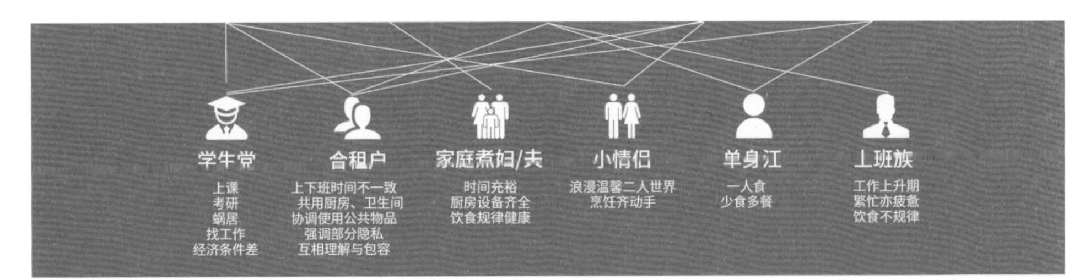

学生党
上课
考研
蜗居
找工作
经济条件差
合租户
上下班时间不一致
共用厨房、卫生间
协调使用公共物品
强调部分隐私
互相理解与包容
家庭煮妇/夫
时间充裕
厨房设备齐全
饮食规律健康
小情侣
浪漫温馨二人世界
烹饪齐动手
单身汪
一人食
少食多餐
上班族
工作上升期
繁忙亦疲惫
饮食不规律

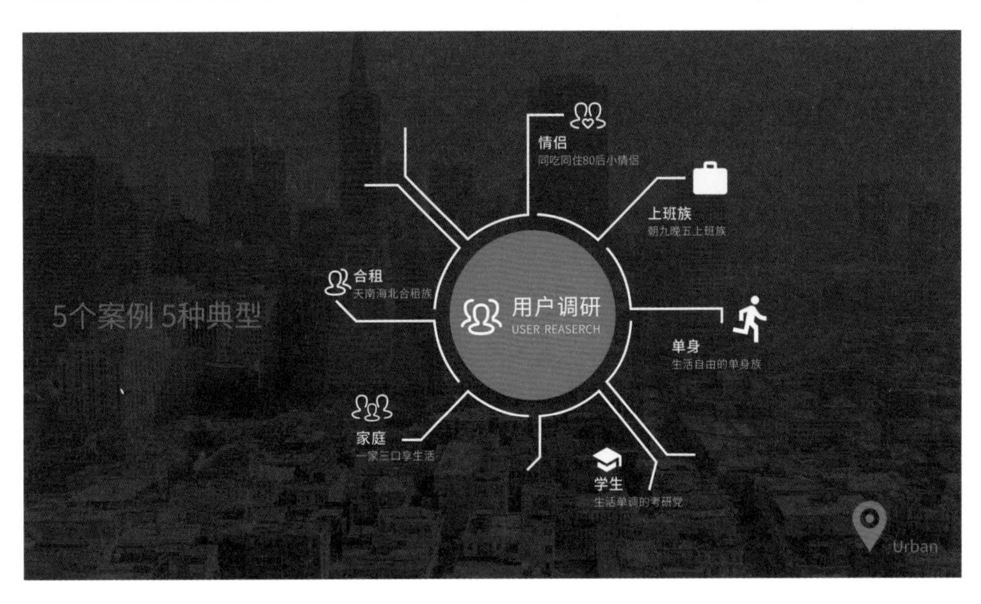

情侣
同吃同住80后小情侣
上班族
朝九晚五上班族
合租
天南海北合租族
5个案例 5种典型
用户调研
USER REASERCH
单身
生活自由的单身族
家庭
一家三口享生活
学生
生活单调的考研党
Urban

前期研究 PERSONA

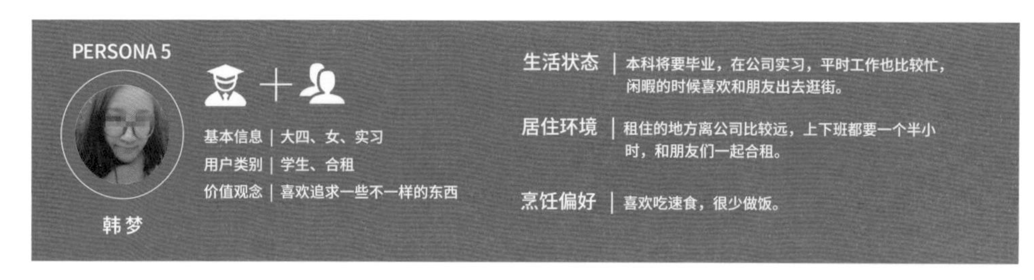

室友B | 室友A | 卧室 | 客厅 | 厨房 | 卫生间

厨房较小，和客厅在一起

	周一	周二	周三	周四	周五	周六	周日
早	外带	外带	外带	外带	外带	外带	外带
中	下馆子	下馆子	下馆子	下馆子	下馆子	外卖	外卖
晚	下馆子	下馆子	下馆子	下馆子	下馆子、速冻食品	外卖	做饭、外卖
夜宵	不吃	零食、不吃	不吃	不吃	不吃	不吃、零食	不吃

图例：做饭 ● 外卖 ▲ 下馆子 ■ 食堂 速冻食品 ◆ 零食 外带 不吃

饮食结构

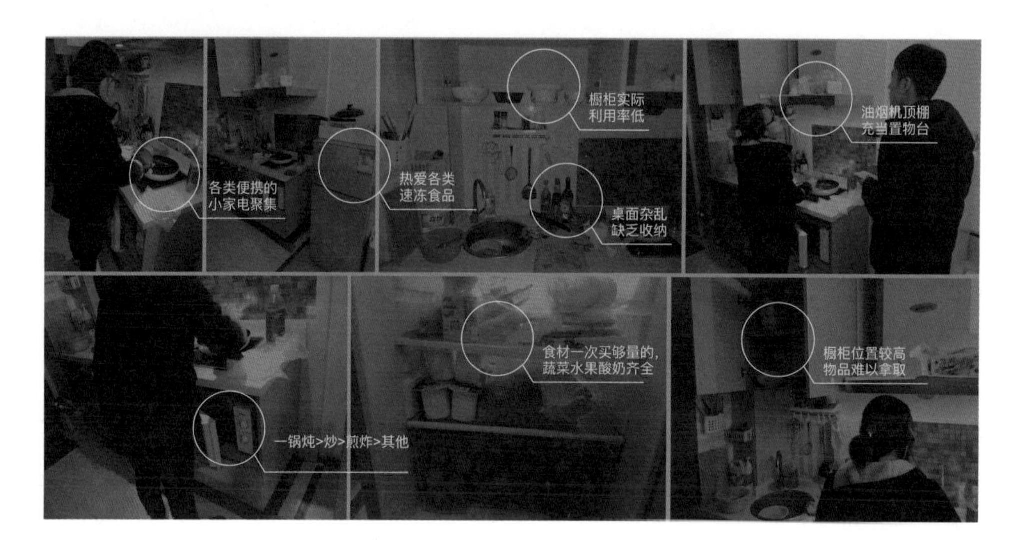

前期研究 PERSONA

	存在的现象	发现的问题	可能的方案
空间	开放式厨房，和卧室相通 进门就是厨房，厨房不靠窗	油烟问题 租的房子布局缺陷	自由定制化 厨房空间
厨具	基本厨具齐全，租房附带厨电 锅碗瓢盆按需购买	过多电器没有空间放置 餐具不会购买太多，搬运麻烦	限时出租式 厨具系统
食材	猪肉蔬菜鸡蛋购买量较大 冰箱里有大量速冻食品 经常准备火锅食材等 习惯去超市买菜	存储的鸡蛋过多，会过期 冷冻温度要求比较高，易变质 需要大量的调料等 不能现场处理食材，会经常预算超支	网上食材银行
储物	橱柜上部空间都空着 房间里堆着各类杂物	橱柜内部空间不能充分利用好 用户以舒适自由为首要，而不是整洁	虚拟网络 储物空间

	存在的现象	发现的问题	可能的方案
烹饪	一锅炖>炒>煎炸>其他 自己查菜谱做菜，味道怪怪的 极少做生鲜类食材	复杂的菜花时间 不知道流程中哪里出了问题 难以处理某些食材	简化做菜流程 保留核心操作
清洁	每次都会打扫好 基本自己打扫，不放心男友 不怎么用围裙	自己清理才会放心	清洁行为前置 吃完即清洁完
社交	喜欢晒美食 会做点心等带给朋友吃 偶尔会聚会，吃火锅	做的过程中没法拍照	便捷无人机
理想	环岛式厨房+计划购置火锅		

前期研究 厨房使用研究

人群饮食习惯

LIFE HABITS OF TARGET PEOPLE

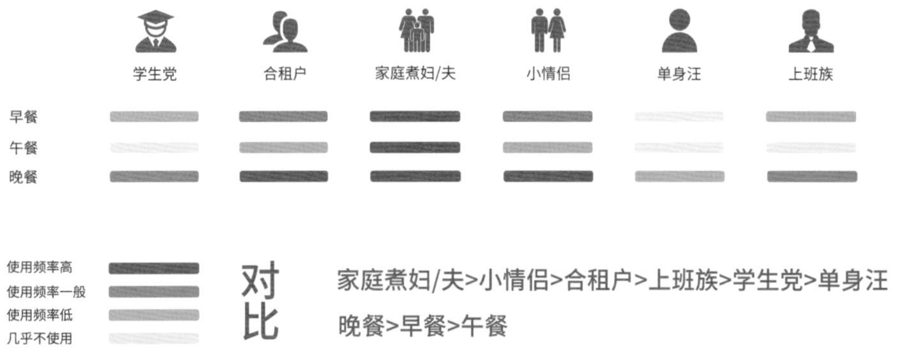

厨房使用流程分析

USE PROCESS OF KITCHEN

1. 备餐 —— 买菜、准备配料等
2. 烹饪 —— 炒、蒸煮、油炸等
3. 就餐 —— 上菜、拍照、交流
4. 清理 —— 垃圾清理，餐具清洗

食品储存区
厨具储存区
清洗区
准备区
烹饪区
就餐区

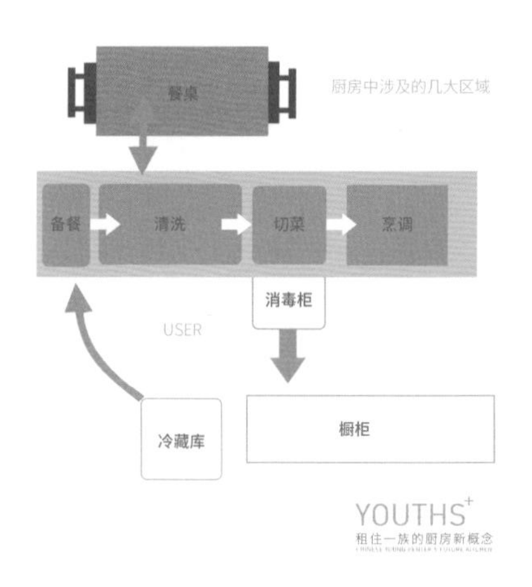

前期研究 厨房使用研究

用户体验旅程图 KITCHEN JOURNEY MAP | 做饭前期

计划 PLAN 准备吃饭，考虑如何做饭

目标
确定饮食计划，确定是否购买食材或设备餐具等
准备聚餐计划，确定购买食材的种类和量

行为
线上 社交平台参考 饮食APP推荐
线下 参考室友意见 询问伙伴意见

动机
想要合理安排好自己的饮食，使得生活更有规律
促进朋友之间的关系，用聚餐等方式来联络感情

痛点
执行难 | 不好把握量 | 意见不统一

选择 CHOOSE 选择做饭食材，选择做饭方式

目标
确定做饭形式，家常、烧烤、火锅……
选择购买食材的方式、地点

行为
菜市场买菜 超市购物
使用冰箱存货 准备做饭设备

动机
尝试新鲜的做饭方式，让忙碌的生活得到一些乐趣
想要更加简单、高效的准备方式，省去繁杂的选择食材过程

痛点
吃什么 | 在哪买更好 | 会不会超支

用户体验旅程图 KITCHEN JOURNEY MAP | 做饭时期

备餐 PREPARATION 准备工作

目标
处理好食材，清洗、切削等
准备好餐具厨具等

行为
买菜 洗菜 处理
清洗餐具 清洗厨具

动机
简单的食物处理时更有乐趣，复杂的食物被提前处理好
不要花费太长时间，特别避免提前一晚准备食材等

痛点
不会挑选菜 | 处理菜时浪费 | 处理时弄伤自己

烹饪 COOKING 开始做饭

目标
做出好吃又好看的菜肴
把自己做饭的过程记录下来 自己鼓捣出创新的菜肴

行为
炒菜 放调料 把握火候 记录时间

动机
在做饭的过程中享受乐趣，更希望做出的饭菜得到别人肯定
记录自己的做饭过程，留作纪念，分享到网络，满足社交需求

痛点
缺少设备 | 缺少调料 | 火候没掌握 | 调料放不对 | 食物没做熟

前期研究 厨房使用研究

用户体验旅程图 KITCHEN JOURNEY MAP | 做饭后期

	就餐 EATING 聚餐交流	清洗 CLEAN 清洗餐具，收拾厨房
目标	享受愉悦的就餐过程，舒适不受拘束 拍摄自己完成的菜肴	处理好剩饭剩菜，清洗好餐具厨具
行为	清洗餐具 拍照 吃饭 喝酒 娱乐	清洗 归纳 放冰箱 倒垃圾
动机	满足自己的食欲 寻找自己工作外的乐趣，寻找休闲时间	快速完成清理过程，方便其他人下次使用 不浪费食材，处理好剩饭剩菜
痛点	拍照不好看 空间太小 独自就餐孤独	讨厌洗碗 冬天冻手 夏天垃圾有异味

空间小 时间少 流动频繁

自由度更高
的个人厨房

共享不占有
定量不浪费

空间虚拟化
数据引导式

做饭娱乐化
线下社交式

过程简便化
清洁即时性

设计成果：自主化城市青年厨房服务系统设计

清华大学的设计方案是一个基于城市居住空间创新的厨房服务系统设计，包括了四大理念和板块：一是居住空间的物流窗口，二是集群空间的社交平台，三是健康引导的虚拟账户，四是共享模式的服务系统。

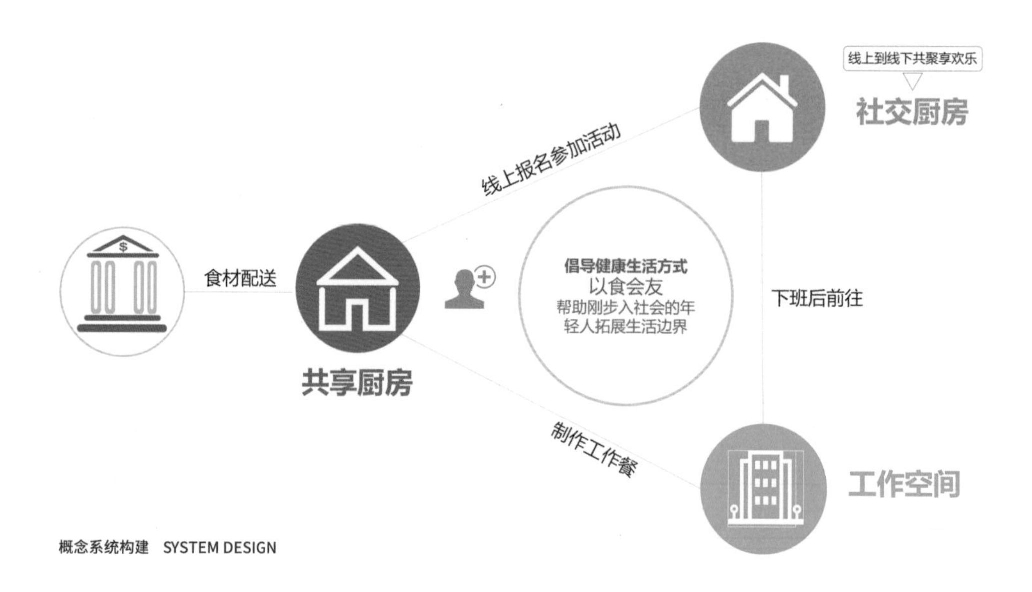

概念系统构建　SYSTEM DESIGN

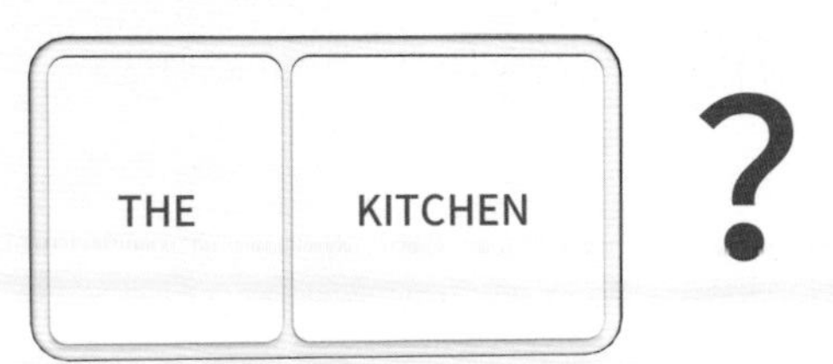
THE
KITCHEN
?

OPEN STATION

水龙头
置物板
触摸屏
油烟机
电磁炉

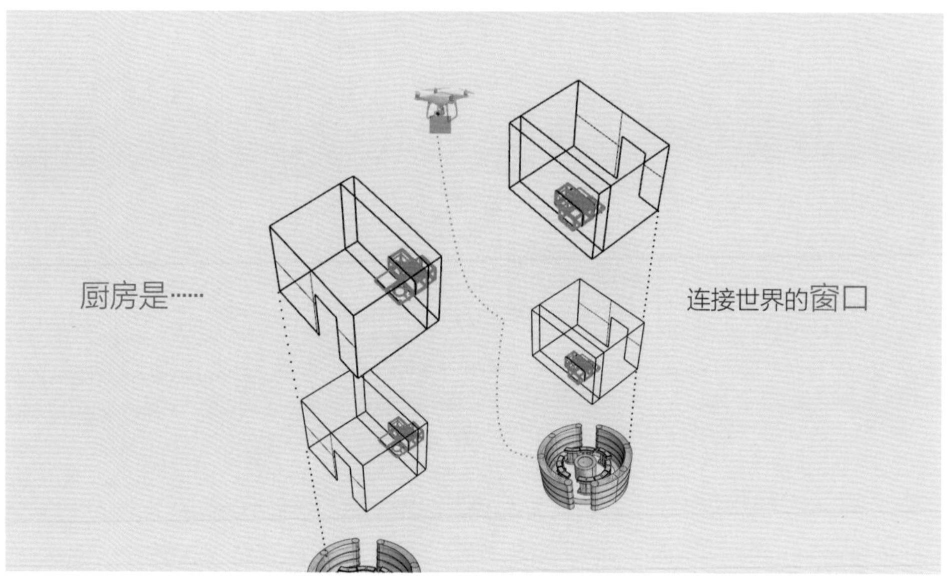
厨房是……
连接世界的窗口

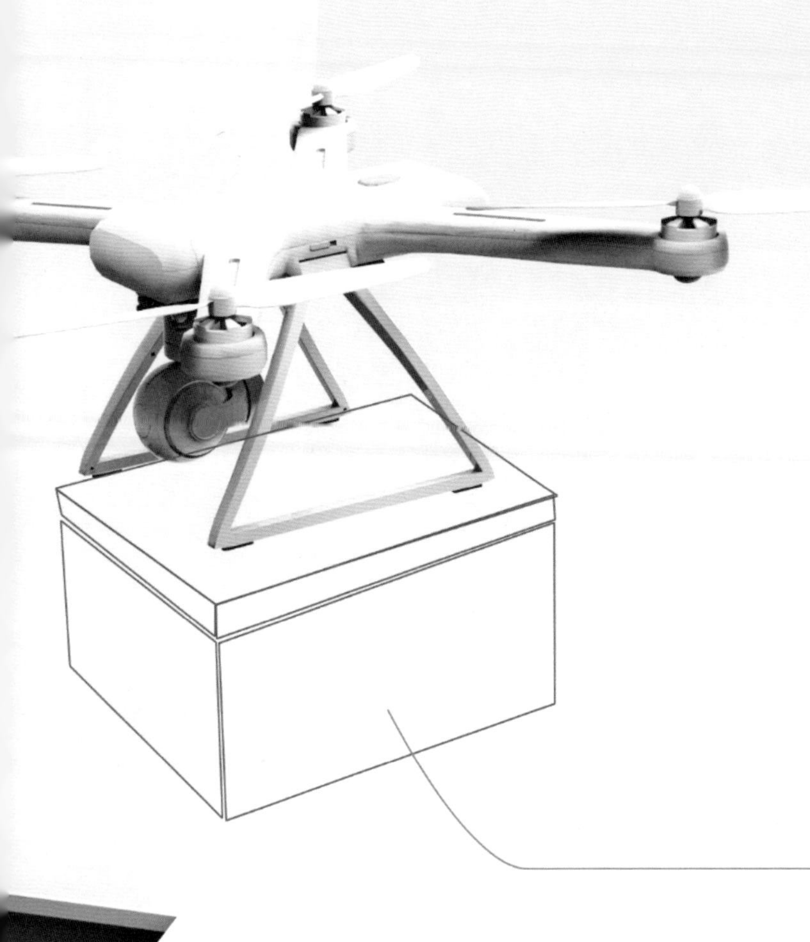

定制化食材

UAV社区配送

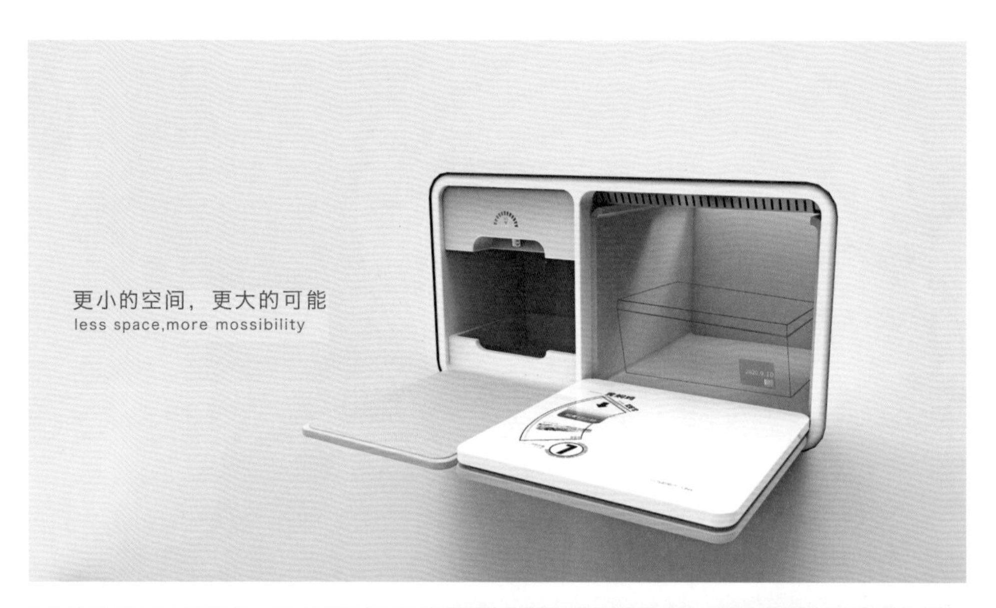
更小的空间，更大的可能
less space,more mossibility

KITCHEN

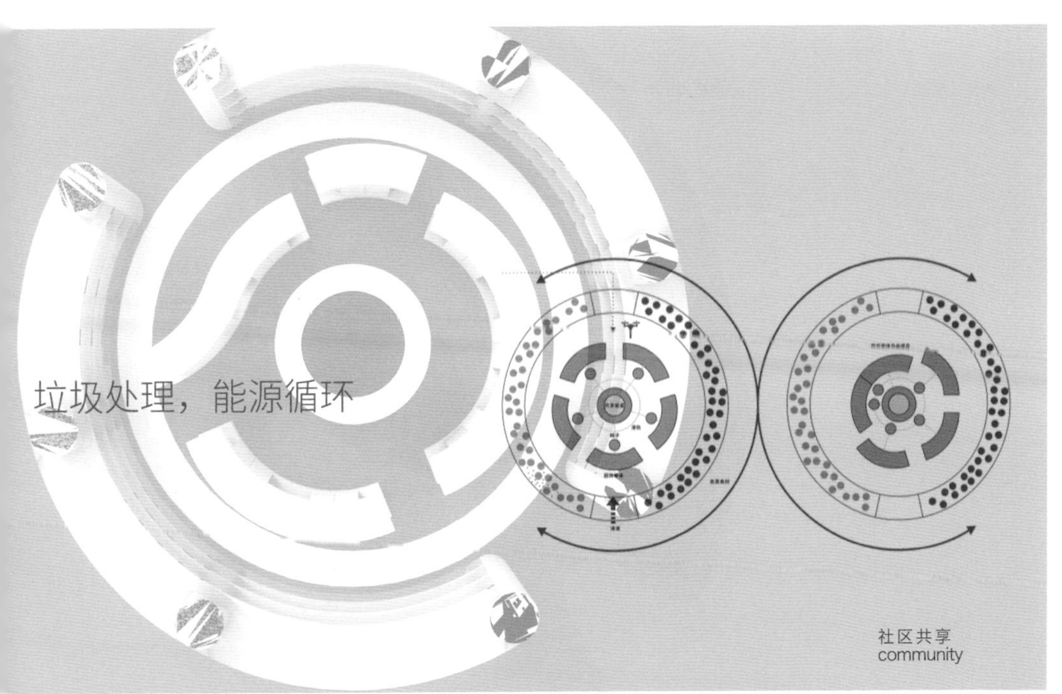
垃圾处理，能源循环
社区共享
community

社区共享厨房空间

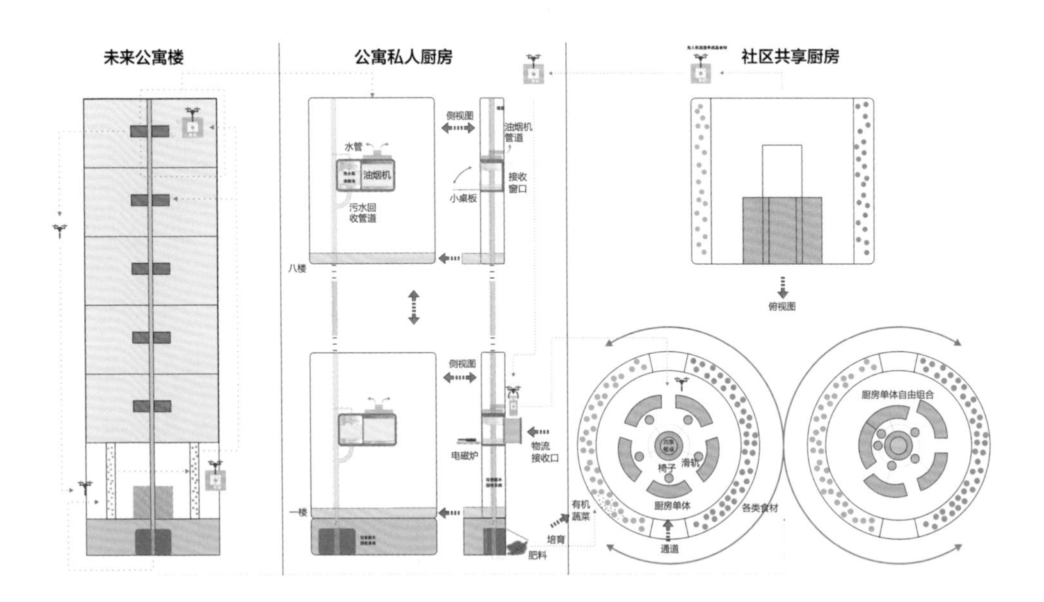

未来公寓楼
公寓私人厨房
社区共享厨房
侧视图
油烟机
管道
水管
油烟机
接收
窗口
小桌板
污水回
收管道
八楼
侧视图
电磁炉
物流
接收口
一楼
有机
蔬菜
培育
肥料
俯视图
厨房单体自由组合
椅子
滑轨
厨房单体
各类食材
通道

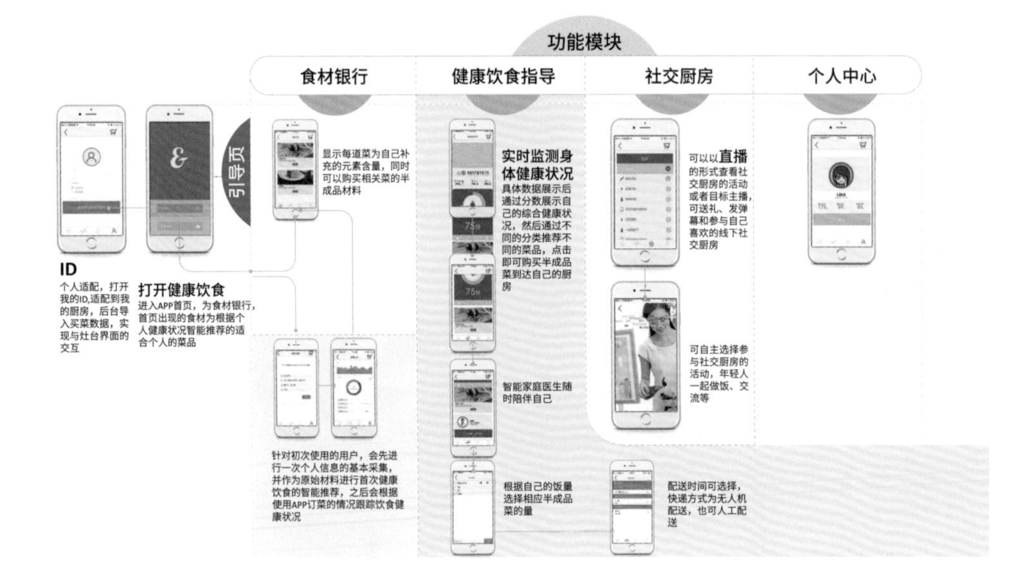

功能模块
食材银行
健康饮食指导
社交厨房
个人中心
引导页
显示每道菜为自己补充的元素含量，同时可以购买相关菜的半成品材料
实时监测身体健康状况
具体数据展示后通过分数展示自己的综合健康状况，然后通过不同的分类推荐不同的菜品，点击即可购买半成品菜到达自己的厨房
可以以直播的形式查看社交厨房的活动或者目标主播，可送礼、发弹幕和参与自己喜欢的线下社交厨房
ID
个人适配，打开我的ID,适配到我的厨房，后台导入买菜数据，实现与灶台界面的交互
打开健康饮食
进入APP首页，为食材银行，首页出现的食材为根据个人健康状况智能推荐的适合个人的菜品
可自主选择参与社交厨房的活动，年轻人一起做饭、交流等
智能家庭医生随时陪伴自己
针对初次使用的用户，会先进行一次个人信息的基本采集，并作为原始材料进行首次健康饮食的智能推荐，之后会根据使用APP订菜的情况跟踪饮食健康状况
根据自己的饭量选择相应半成品菜的量
配送时间可选择，快递方式为无人机配送，也可人工配送

设计成果 自主化城市青年厨房服务系统设计

故事板

Lina 的日常一天

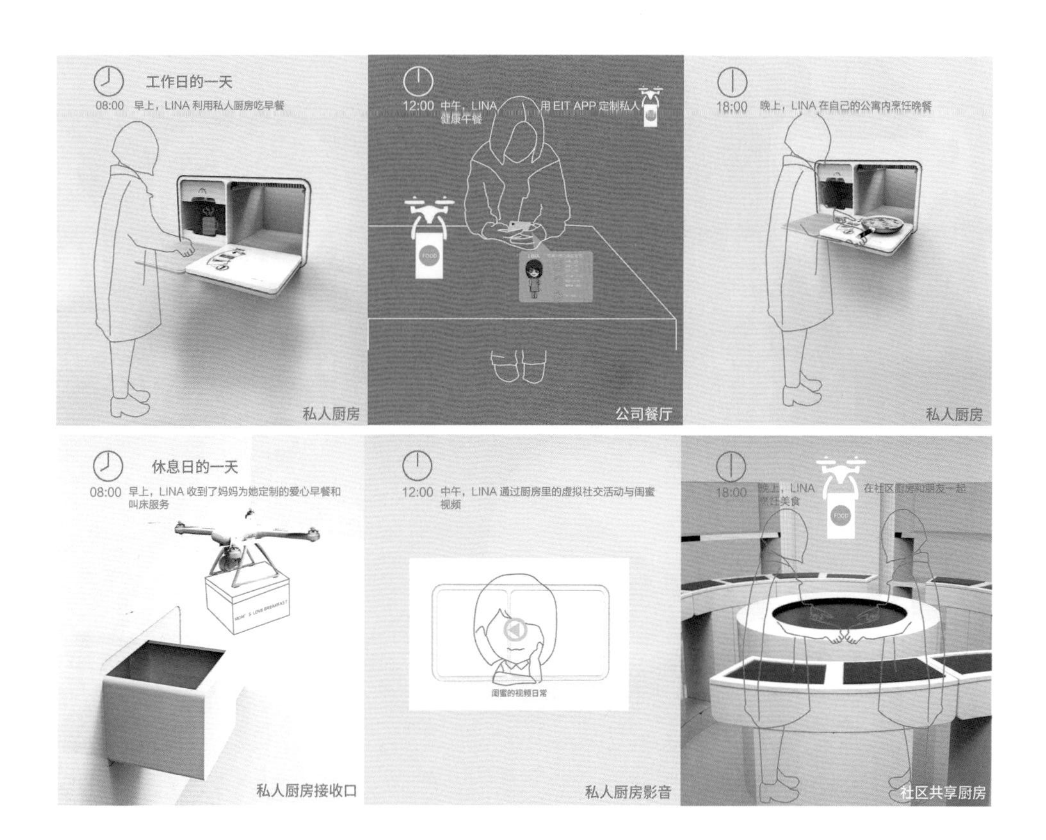

共享 · 邻聚

——武汉工程大学团队

面向武汉当地的年轻租住一族，
目标人群的五个特征：爱分享、求陪伴、重科技、享环境、器具党。
由老武汉“竹床阵”的交流传统，到目标用户厨房及邻里隔阂问题，
邻居 + 凝聚→邻聚，创新线上线下的邻里共享厨房合作服务系统。

Active **Expressive** Team

武汉工程大学团队介绍

武汉工程大学是一个年轻的团队。

他们富有感染力的表达让所有人都印象深刻，在前期的预研究阶段，深入武汉生活的细节，带来了非常具有地域特色的、年轻人的生活样本。

本次团队们都开始着眼于服务设计，这是本届工作坊很大的成长。该作品提出的是新一代人的生活梦想，企业需要重视80后、90后，以及中西文化冲击出的新文化，在此基础上发展新的饮食方式和服务设计。

vitamin
维他命

教师访谈

王雅溪
武汉工程大学指导老师

2014 年毕业于韩国光州大学，获得博士学位。现工作于武汉工程大学艺术设计学院，硕士研究生导师。韩国国民大学、光州大学等高校设计学院访问学者，宁波方太集团柏厨集成厨房有限公司产品研发部特聘设计顾问，海尔众创意平台武汉工程大学联合实验室负责人。

编者：武汉工程大学本届工作坊团队是如何构成的？

王雅溪：本次学生由研究生与大三大四生混编而成，所选学生也各有所长、分工明确，分别负责语言阐述、制作 PPT、作品设计出图等。调研时间较紧张，最后得到 5 户有效个案深访和 120 份问卷结果，整理出 6 类设计痛点。

编者：我们看到同学们进行了很多武汉当地的设计调研。

王雅溪：在加入工作坊之前，带队教师所在的工作室曾于去年工作坊同期开展厨房项目，以南北厨房差异为主题。团队师生对中国厨房研究非常感兴趣，并已长期关注。在之前的调研中，他们发现各地的饮食文化对厨房厨具的影响经常被忽视，如面食为主的地区需要大擀面杖、西南地区会存多个泡菜坛子等，这些特殊厨具或储存物多被现在的厨房设计忽视掉。因此希望关注各地特有的厨房需求。

“我鼓励学生应用活跃 + 故事 + 表达的方式讲演，在不脱离基本原则和框架的前提下，捕捉调研中的兴奋点并争取最鲜活的呈现。”

编者：谈一谈你们的设计表达吧，印象深刻。

王雅溪：在调研汇报中加入了视频展示关键词和情景模拟，同时演讲学生更活跃地带动了气氛。这是因为在此前的厨房项目中，该团队曾为合作企业进行汇报，但对方希望展示能更鲜活，以故事等情景带入。考虑到这个建议，团队抛弃了死板地背 PPT 的模式。我也鼓励学生应用活跃 + 故事 + 表达的方式讲演，在不脱离基本原则和框架的前提下，捕捉调研中的兴奋点并争取最鲜活的呈现。

编者：石教授对后期方案输出的影响如何？

王雅溪：团队前期观察到各组所用方法和观点总结差异较小，担心思路撞车。经过石教授关于情感寄托和大社会等角度的提点后，团队认为最初定的点太局限于细节，最后决定加入建议内容，以邻里间分享的角度进行厨房设计，更确信了方案。

前期研究：武汉年轻人租住空间厨房行为调研

<table>
<tr><th></th><th>时间</th><th colspan="3">工作内容</th><th>工作形式</th></tr>
<tr><td rowspan="4">调查</td><td>16/10/18—16/10/25</td><td>主题分析</td><td colspan="2">定义查找（搜索关键词）、材料收集（筛选、确定资料源）、小组讨论、头脑风暴</td><td>网络、实践</td></tr>
<tr><td>16/10/26—16/10/31</td><td>调研提纲</td><td colspan="2">观察法提纲、访问法提纲、调查问卷制定、网络问卷信息投放</td><td>Word、问卷星</td></tr>
<tr><td rowspan="2">16/11/01—16/11/10</td><td rowspan="2">调研实施</td><td colspan="2">6户实地调研</td><td rowspan="2">实地走访
网络发放</td></tr>
<tr><td colspan="2">120份网络问卷收集</td></tr>
<tr><td rowspan="4">分析</td><td rowspan="3">16/11/11—16/11/20</td><td rowspan="3">情景剧本</td><td colspan="2">PPT策划、文献整理、市场调查、问卷整理</td><td>PPT、Excel</td></tr>
<tr><td rowspan="2">入户资料分析</td><td>入户网络问卷输出，入户信息整理，访谈整理</td><td>PPT</td></tr>
<tr><td>情景剧本创建</td><td>PPT、Excel</td></tr>
<tr><td>16/11/21—16/12/01</td><td>深入分析</td><td colspan="2">用户习惯分析情境剧本展现，关键信息提取</td><td>PPT</td></tr>
</table>

前期研究 问卷分析

调研小组于 2016 年 11 月 1 日 9:00 通过问卷星发放网络问卷，至 2016 年 11 月 10 日 0:00 共收获有效问卷 120 份。经过数据筛选后，进行问卷分析和人群关键词提炼。

No.1 蜗居·艺术家

会生活 爱讲究
在做饭的孤独与热闹中
独自享受

前期研究 入户调查

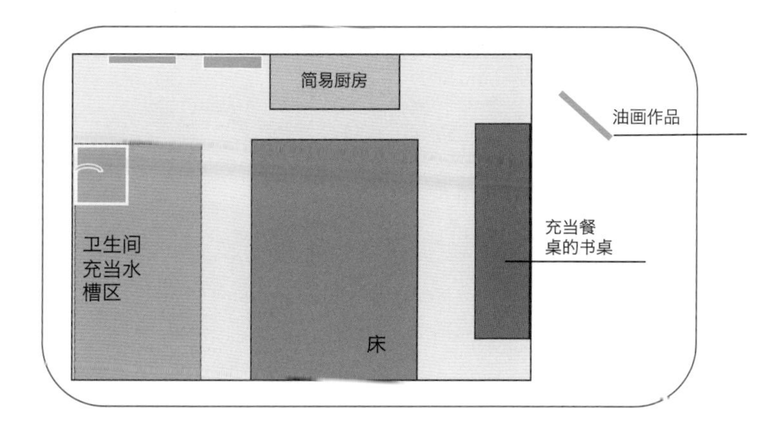

调研对象选择

公共厨房：厨房空间为公共空间，需要考虑到他人使用空间以及空间隐私处理，许多设备不能自由增添，操作比较受限。

私人厨房：相对自由，但迫于租房压力，厨房内部空间无法根据需求自由设计。

临时厨房：由于空间或其他原因限制，厨房是简易型或由其他空间临时演变而成，操作不方便，厨房使用通常不规律。

陈亮宇是一个比较注重生活的学生，目前独居在一间 24 平方米的青年公寓里，一室一卫，没有厨房，但是他很喜欢烹饪，认为烹饪是一种乐趣，一天至少做一两次饭。所以他在已经很狭小的空间内还腾出一小块区域用作厨区。

这个厨区由两块小桌子拼凑而成，大约不到两平方米的面积。桌上有酱油、醋、盐、油、胡椒粉等基础调味品，电器只有蒸蛋器与电磁炉。一口锅、两个碗、一个洗菜篓、一个水杯，基本用具、食材等有关物品都是“一人食”的量。厨区设施、物品等都非常基础。

烹饪
Cooking
临时搭建的厨区没有抽油烟机，所以他不能尝试复杂烹饪方法，怕油烟弄脏了他的画

备菜
Preparing for meals
做饭都在临时厨区，所有清洗的部分都在卫生间的洗手台进行。住户个人讨厌备菜与清洁环节

备菜
Preparing for meals

前期研究 洞察分析

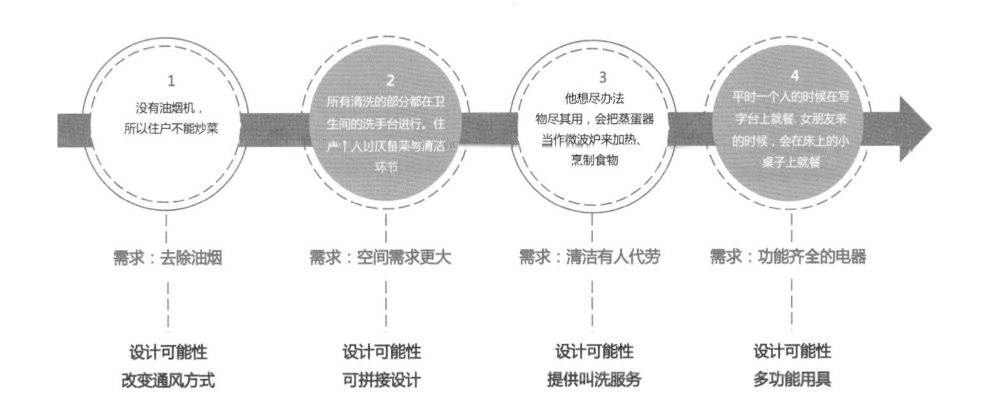

情景故事展示

用写故事的手法，把用户使用厨房时的背景、方法以及结果描绘出来。

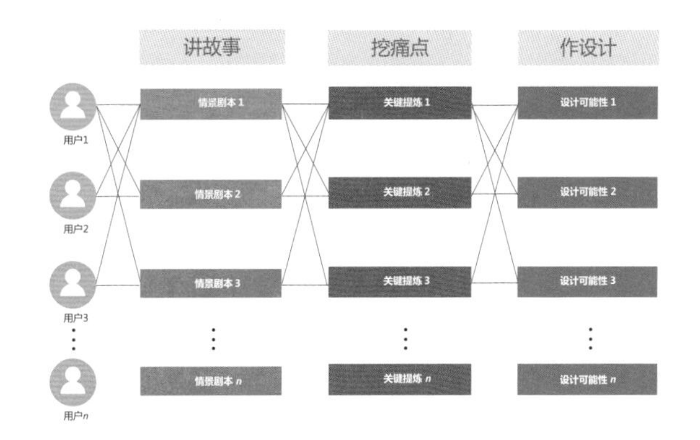

找共性

通过矩阵列表，将若干样本中的痛点、关键词进行评估，找出在入户调研的情景故事中，用户所反映出来的痛点共性。

No.2 宅女·白富美

租住在武昌区和平大道
一个厌倦外卖、追求营养
喜欢朋友陪伴的
95 后武汉女生

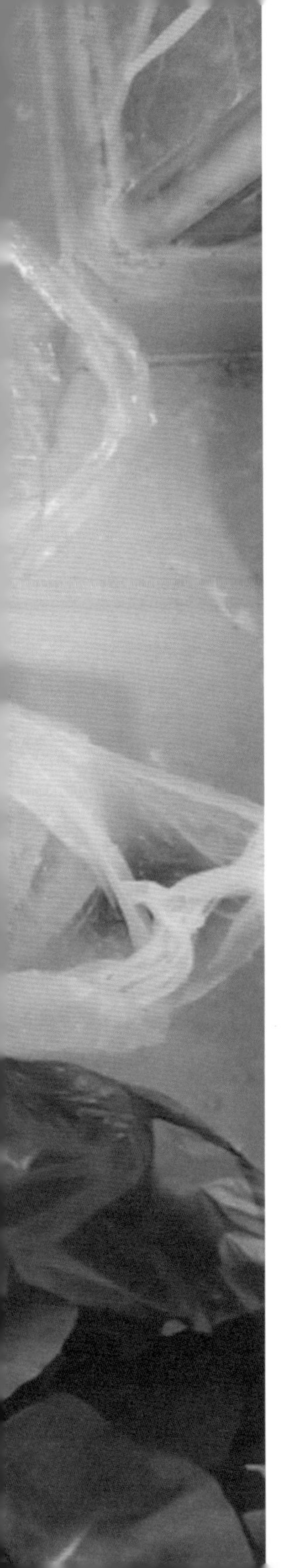

前期研究 入户调查

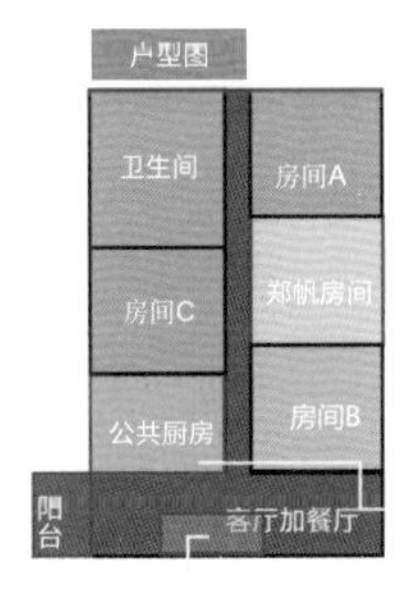

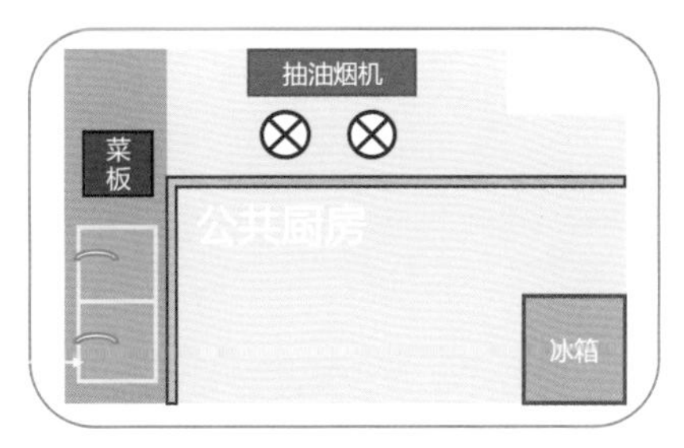

郑帆是在校大学生，由于不满意学校住宿与饮食环境，在学校附近的某公馆和朋友们合租了套三室两厅的房子。住房内厨房公用，偶尔和朋友一起下面、煮饺子吃。基本的设施齐全，橱柜也够多。

“每天吃外卖不是很健康，肠胃不好，经常闹肚子。”特意找的这套房子有一个公共厨房，时不时可以和朋友一起煮煮面或者饺子什么的。吃得放心一点。

就餐
Having meals
经常一个人吃，还是有点孤独，在门口边的小方桌一边吃饭一边会刷朋友圈什么的，虽然已经刷不出新内容

存储
Storage
和他人合租，冰箱公用，容量不够
少女心
热爱一切粉红色事物

前期研究 洞察分析

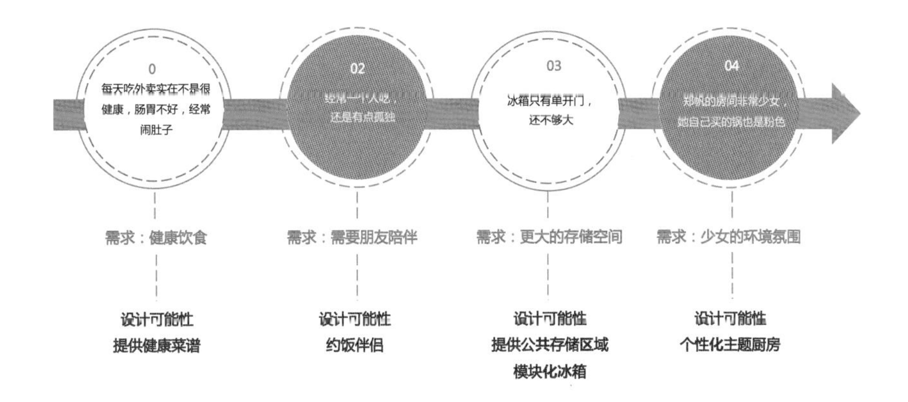

key into points关键信息点			F1	F2	F3	F4	F5	F6	sum
情感与体验	1	爱好烹饪	1	1	2	0	1	1	6
	2	希望与他人一起做饭	0	−2	−1	−1	0	1	−3
	3	希望与他人分享食物	0	2	1	1	1	1	6
	4	注重隐私	0	2	−2	1	0	0	1
	5	经常聚餐	1	2	2	1	2	1	7
	6	爱社交网络分享	−2	−1	0	0	0	1	−2
	7	烹饪程序复杂	0	0	1	1	0	0	2
	8	网购食材	−2	−2	2	−1	0	0	−3
	9	查阅菜谱	0	1	1	−1	0	1	2
饮食与健康	10	注重晚餐	1	1	2	−1	0	1	4
	11	注重味道	1	−2	2	2	1	1	5
	12	注重营养	1	1	0	2	1	1	6
	13	保健食疗	1	1	0	0	1	0	3
	14	美容	0	1	0	1	1	0	3
功能与需求	15	现有厨房满足需求	−1	−2	−2	1	1	1	−2
	16	安全需求	1	1	0	1	2	1	6
	17	网络需求	1	0	2	2	0	1	6
	18	科技需求	1	2	−1	1	1	1	5
	19	娱乐需求	−1	−1	−2	0	1	0	−3
	20	环境需求	1	1	2	1	2	1	8
	21	器具需求	2	1	2	1	2	1	9
	22	空间需求	0	2	−1	−1	1	1	2
地域与美食	23	喜欢武汉特色小吃	−2	2	−2	1	1	2	2
	24	想尝试做武汉特色小吃	−2	2	−2	1	1	−2	−2
	25	会做家乡菜	1	0	−1	1	1	2	4

2：非常认同　1：认同　0：不关心　−1：一般　−2：非常不认同

情感体验

· 现代年轻人孤独而独立

· 对厨艺自信

· 注重私人物品划分，情感方面却渴望陪伴

设计时应注意情感和行为的矛盾

健康饮食

· 在家聚餐频率不高

· 有健康饮食意识，但更关注口味需求

· 营养、卫生、口味难以同时满足

解决健康口味平衡感

功能需求

· 对厨房使用更注重功能性和人性化

· 公共橱柜的个人分区

· 重视良好的厨房环境，关注点多样

强调厨房功能适用性和环境宜人性

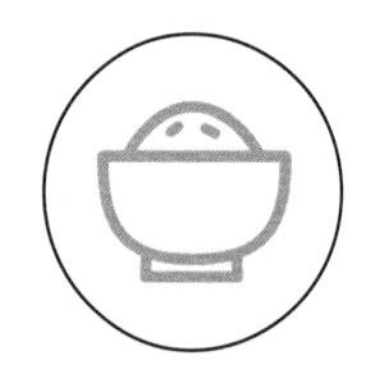

美食烹饪

· 喜欢简单烹饪，食材都在线下购买

· 武汉特色小吃的吸引力因人而异，最爱的还是家乡味道

· 讨厌清洁工作

关注用户的行为特点

网络使用

· 网络分享可以提升成就感

· 但网络使用暂时只停留在浅层次的功能层面，使用上带有一定局限性

拓展深层次网络功能

生活娱乐

· 烹饪的过程本身就是种娱乐，年轻人烹饪时享受其中，其他娱乐活动较少

加强烹饪过程中引导性娱乐交互

前期研究 共性与差异

120份问卷
6 户 家 庭

差异

通过对 120 份网络调查问卷与 6 户家庭实地调研问卷的整理，得出了以下注意点：

（1）收入越低的用户越愿意使用公共厨房。

（2）做饭频率越高的用户越不愿在网上分享做饭过程。

（3）有无厨房与做饭频率不成正比。

（4）收入越高，越在乎厨房用品的科技含量。

（5）性别与对厨房互动的渴望没有联系。

（6）愿意同邻里分享的人同样愿意与网友分享。

（7）都希望保鲜菜品，但都不了解方式。

竹
ZHU
床
CHUANG
阵
ZHEN

新武汉
BO

设计成果：“邻聚”分享互动服务平台

“竹床阵”
老武汉的集体记忆
空间分割
新武汉的孤独城市

“竹床阵”是老武汉人度夏的方式，那个时候，一到晚上，大街小巷就摆满了竹床，场面很是壮观。竹床阵一直延续到20世纪80年代，只要酷热天气持续上几天，整个城市的大街小巷就开始摆满了横七竖八的竹床，一个阵有几百人之多，场面蔚为壮观。

曾经属于集体的空间，正在由于物质的极大丰富被分割成更多独立的个体。几十年前，我们会在一个水龙头下洗菜，一个收音机里听歌，看一份报纸；而今天，我们在有着独立厨房的单元房里，戴着随身听，在网络上满世界跑。邻里之间其乐融融的景象逐渐消失了。

而我们当下的生活，现代城市社区邻里互动频率低，邻里关系疏远冷漠，个人主义和功利主义盛行。

随着人们物质生活越来越丰富，冲动消费造成了不必要的浪费，闲置物品也越来越多。

90 后年轻人 · 厨房行为

- 饮食浪费
- 邻里关系淡漠
- 消费不起昂贵厨具
- 利用率低
- 盲目购买
- 占用空间

……

我买的这些真的有用吗?

买不起的东西我难道就不能体验吗?

自己不用的东西难道就不能分享吗?

邻里难道就不能互动吗?

共享需要双方的信任才能达到。

我们需要一个桥梁……

如何建立一个共享的桥梁?

让网络带来邻里之间的相互连接，以及参与度的重建。

通过我们想法的展开，

能够触及:

- 厨具叫洗
- 外卖配送
- 生鲜配送
- 厨具租借

……

邻聚 share all things beautiful

设计成果：“邻聚”分享互动服务平台

- 邻里交互平台
- 饮食交互平台
- 厨房清洗服务
- 厨具租换服务
- DIY 餐点平台
- 水果生鲜配送
- 外卖服务

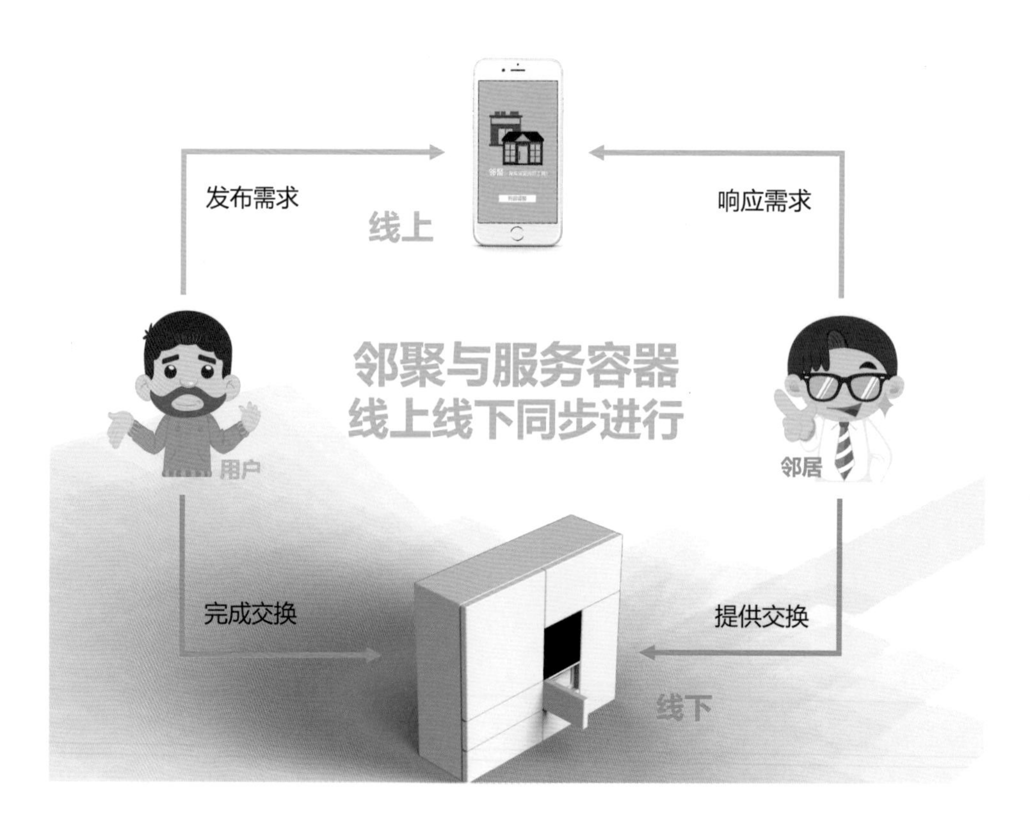

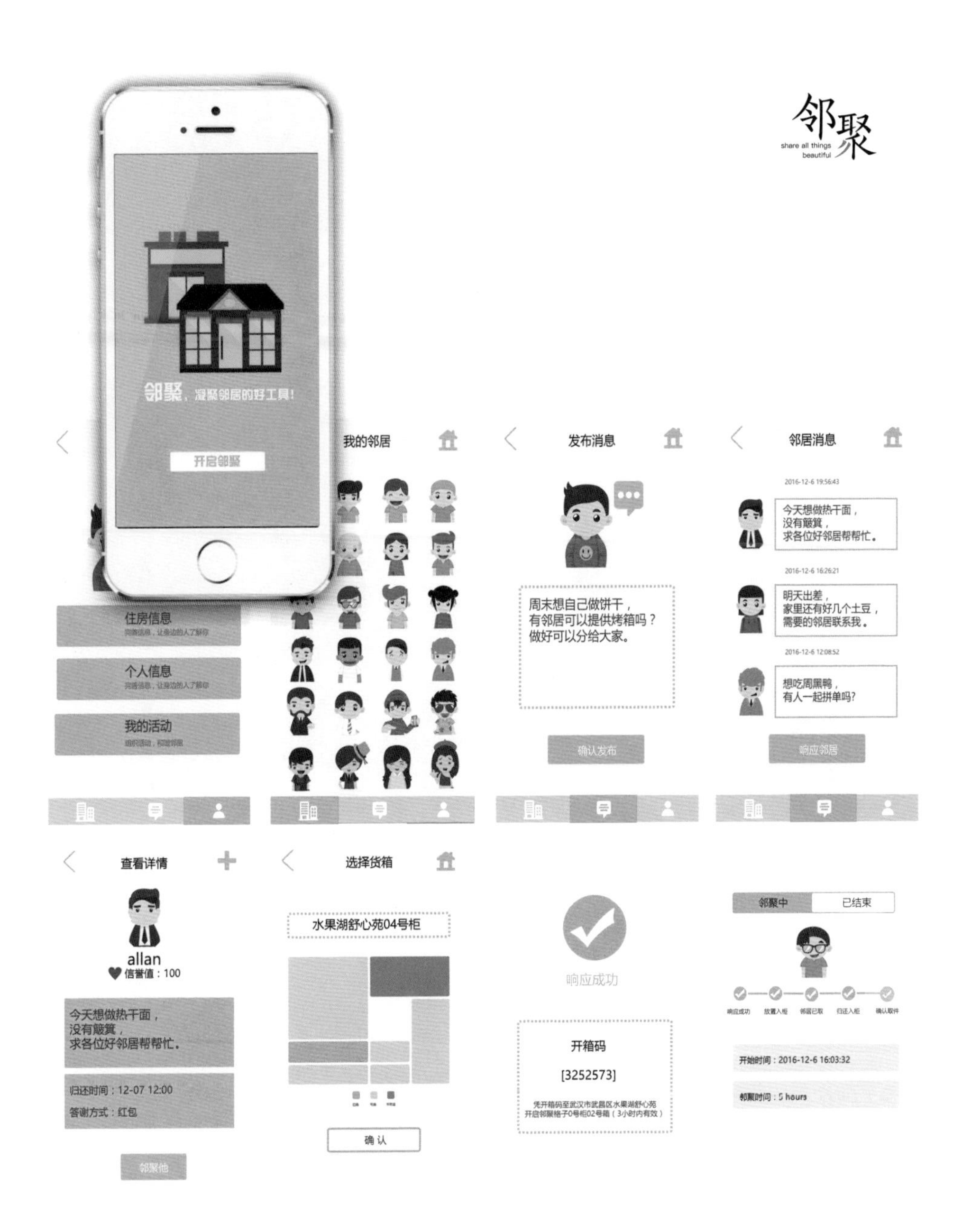
邻聚
share all things beautiful
邻聚，凝聚邻居的好工具！
开启邻聚
我的邻居
发布消息
周末想自己做饼干，
有邻居可以提供烤箱吗？
做好可以分给大家。
确认发布
邻居消息
今天想做热干面，
没有麻酱，
求各位好邻居帮帮忙。
明天出差，
家里还有好几个土豆，
需要的邻居联系我。
想吃周黑鸭，
有人一起拼单吗?
响应邻居
住房信息
个人信息
我的活动
查看详情
allan
信誉值：100
今天想做热干面，
没有麻酱，
求各位好邻居帮帮忙。
归还时间：12-07 12:00
答谢方式：红包
邻聚他
选择货箱
水果湖舒心苑04号柜
确 认
响应成功
开箱码
[3252573]
邻聚中
已结束
开始时间：2016-12-6 16:03:32
邻聚时间：5 hours

厨具叫洗服务

叫洗服务容器

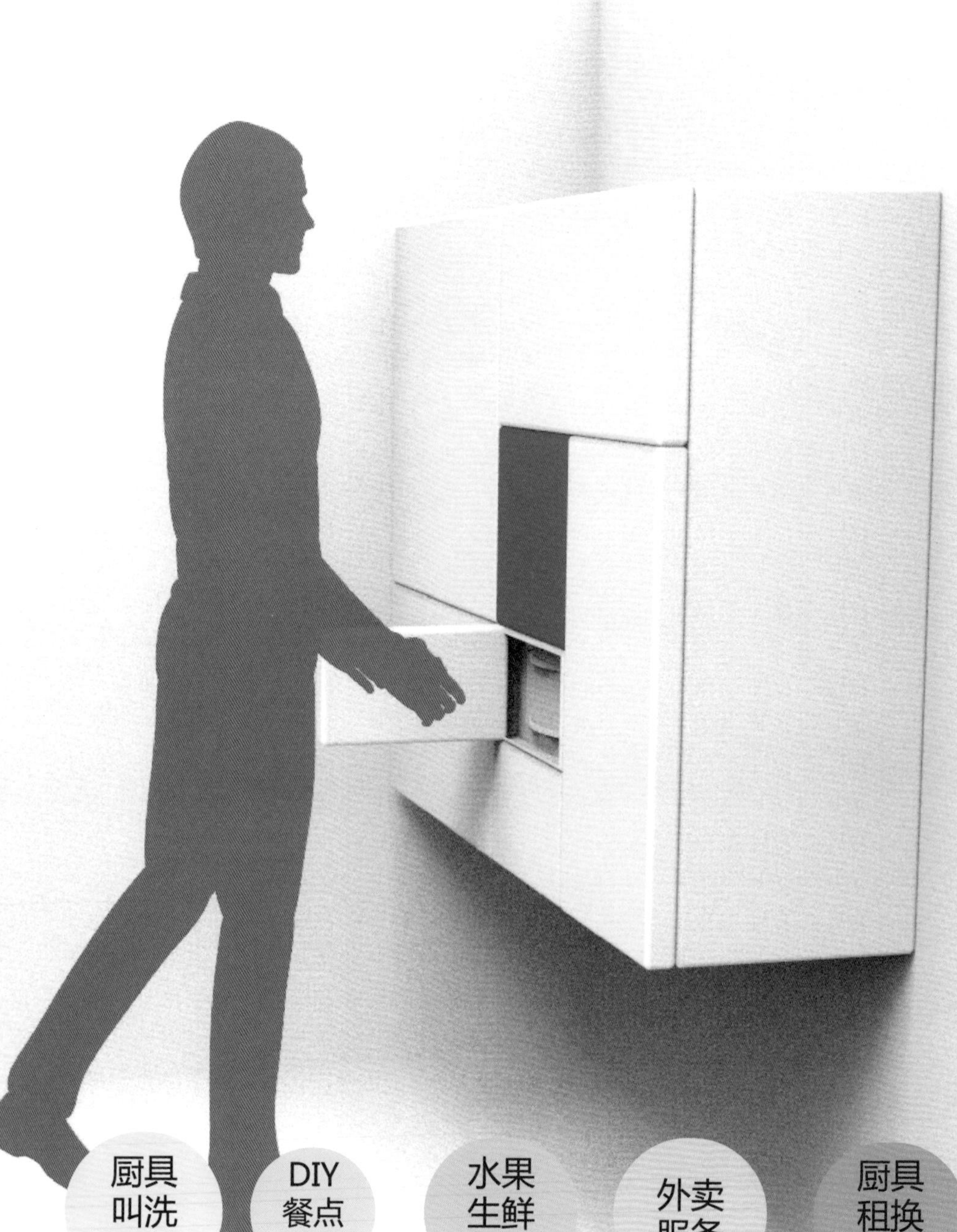
厨具
叫洗
服务
DIY
餐点
平台
水果
生鲜
配送
外卖
服务
厨具
租换
服务
饮食
交互
平台

服务体验由用户与多个触点的互动过程构成，服务质量共同通过这些触点作用于用户。

- 用户
- 触点
  - 菜场
  - 餐厅
  - 居委会
  - 广告商
  - 闲置劳动力

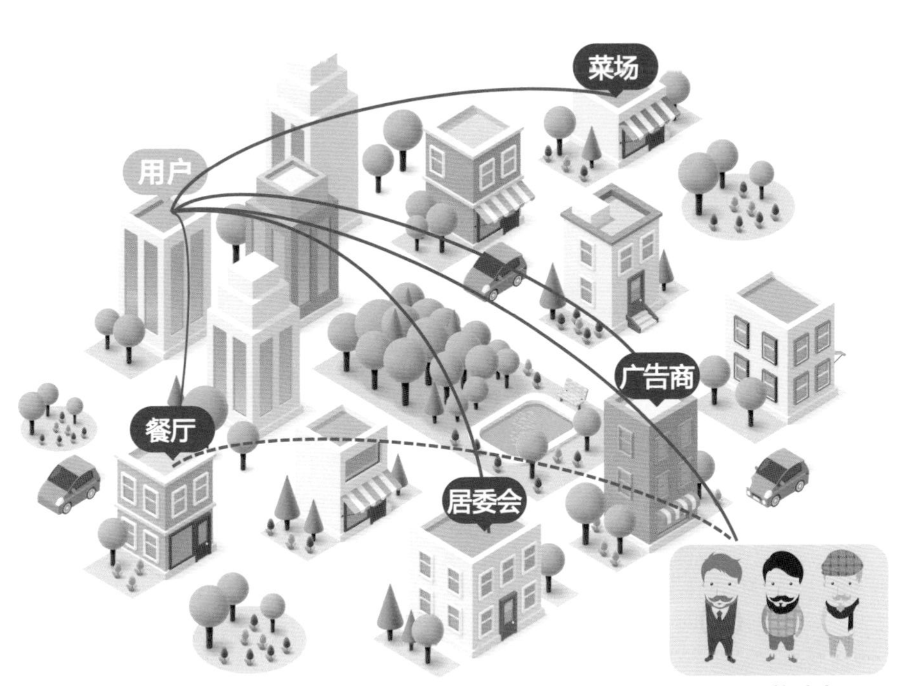

邻聚
share all things
beautiful

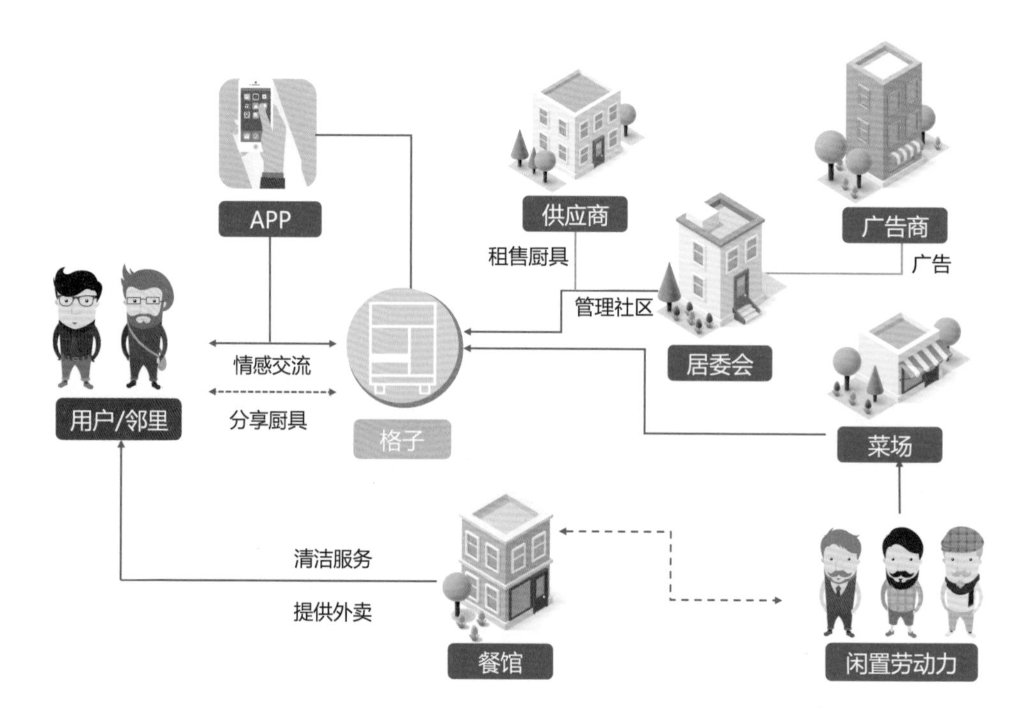
APP
供应商
广告商
租售厨具
广告
管理社区
居委会
用户/邻里
情感交流
分享厨具
格子
菜场
清洁服务
提供外卖
餐馆
闲置劳动力

"邻聚"目标

- 维系邻里关系，促进年轻人邻里关系互动
- 可持续，提高闲置物品利用率
- 一定程度上解决城市人力资源闲置，为闲置劳动力提供多种收入途径
- 改善周边商业的实体经营模式

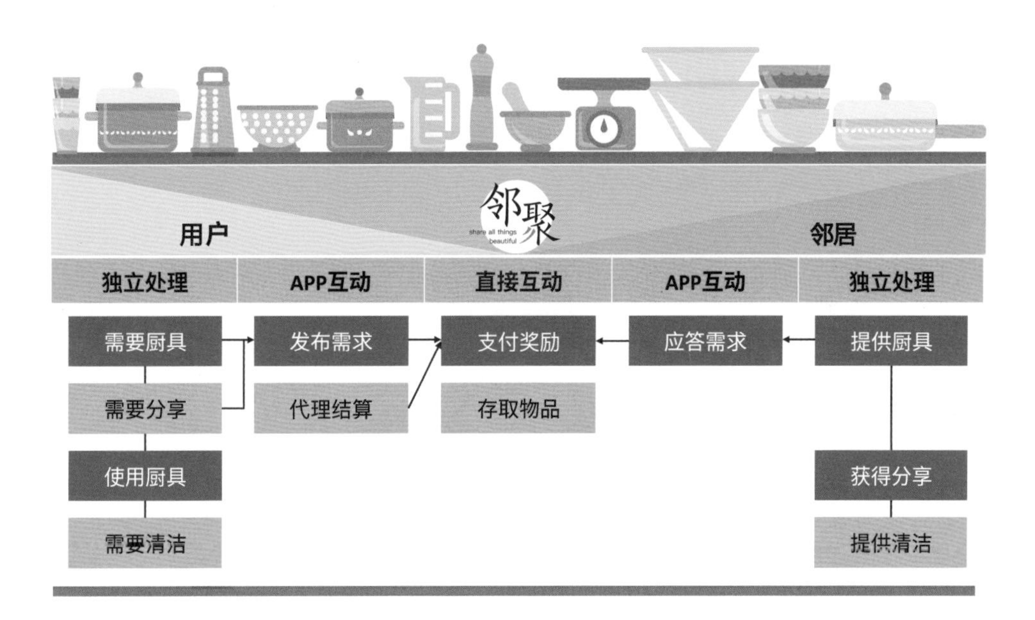

北京青年 · 乡味记录

——北京印刷学院团队

选择 5 个北京目标家庭，以问卷、用户饮食日记和观察法进行调研，
展示了各家庭的角色构成和生活场景，
总结出安全、节省、交流、环保四大需求。
“乡味”食谱记录书，作为故乡味道的媒介记录味道。

>> 北京印刷学院团队介绍
>> 教师访谈：杨莉
>> 前期研究：北京 80 后租住青年生活形态
>> 设计成果：“乡味”味道收集

Rational

Cooperative

Team

北京印刷学院团队介绍

团队采用深入用户调研的方法，进行了北京市 80 后租住青年生活形态的研究。5 个北京目标家庭，以问卷调查、用户饮食日记和观察访谈法收集信息。主要展示了各家庭的角色构成和生活场景并归纳需求。

将问卷结果、生活情境、厨房家居布局信息联合整理。从人、厨房、食物的角度总结需求，并将需求再分为人、时间、空间、工具、任务五个维度。总结出安全、节省、交流、环保四大需求，并分层次整理出设计目标，找到了关键洞察和设计与商业开发机会。

设计出“乡味”食谱记录书和味道记录，作为故乡味道的媒介实现家庭联结。

目标1
Cestbon

教师访谈

杨莉
北京印刷学院团队指导老师

编者：北京印刷学院的同学们是第一次加入工作坊，前期调研思路是怎样的？

杨莉：对的，今年我们首次参加工作坊的设计环节，在前期调研选择80后、厨房厨具等关键词，集中调查北京地区，以用户深访调查为主。北京可以说外来人口越来越多，众多北漂一族的生活状态值得观察，同时本地个人和家庭也有很大差异。调查中，同学们看到真实的租住生活状态，受到北漂族艰苦奋斗环境的触动，希望能通过设计为他们做点什么。

编者：所以调研过程中设计方向逐渐清晰起来。

杨莉：作为设计师，未来的责任是让人们能更幸福地生活，因此要深入认识现实和社会中的问题，这是一个很好的机会，同时也要避免陷入过度设计和提倡物欲的陷阱。

编者：石振宇教授的指导，给同学们带来怎样的启示？

杨莉：我们第一次和石振宇教授配合，石教授经验丰富，能从宏观和理性角度抓到关键痛点；但同时也十分有人文情怀，以具感染力的发言传达深度思想，不单纯从物质，而是首先确定相关社会理念的本质，鼓励有社会意义的设计。

编者：石教授的建议会与团队的

“作为设计师，未来的责任是让人们能更幸福地生活，因此要深入认识现实和社会中的问题，这是一个很好的机会，同时也要避免陷入过度设计和提倡物欲的陷阱。”

设计方向相融合吗?

杨莉：受石教授启发，意识到有人文关怀的价值观引导才能作出真正被需要的好设计，而这种引导有助于学生从概念提取方面发现关键点。我们也期望在这个角度进行延伸，挖掘设计对象们内心真正的需求，建立一种情感寄托的媒介。

编者：和壹设计对接北京印刷学院团队，在设计城的几天工作里，公司为团队提供了哪些帮助和思路?

杨莉：这次企业也为学生们提供了众多帮助。和壹的设计师带动学生一起进行发散思维和设计流程的训练，鼓励他们先提出想法，并一点点收缩，找到市场痛点。

在讨论过程中教师和企业方进行方向上的把控，不希望学生过度限定于市场潮流和商业背景，但也要充分考虑用户需求等。同时学生在交流中学到了企业方的经验，包括与客户交流表达的方式，以及实际运作中可能产生的问题等。这种交流有效地提升了学生们学习的动力。

前期研究：北京 80 后租住青年生活形态

林女士

小学老师，平日里在学校教学，周末的时间通常在家备课做家务，十分支持男主人的工作。

石先生

自己经营着一家创意工作室，现处于创业阶段，所以工作比较忙。但周末的时间会抽空陪陪家人，烧一桌可口的饭菜犒劳家人。

时间	场景	描述	相关	分析	归纳
工作日晚餐	时间：19:00 环境：家中客厅 人物：男、女主人 行为：吃晚餐 相关：厨房用具	女主人在回家途中决定晚餐吃什么，并在小区里的菜站将菜买好	两个人对于晚餐的要求并不高，主要以青菜和熟食为主。男主人有时加班会让女主人先吃	女主人会将今天在学校发生的事情讲给男主人听，增进两个人之间的交流	忙碌了一天，这一顿晚饭是两个人交流的最佳场所

前期研究 用户调研

时间	场景	描述	相关	分析	归纳
工作日饭后生活	时间：20:00 环境：书桌和卧室 人物：男、女主人 行为：备课和工作 相关：计算机、教材、笔记本	女主人会专心备课，为第二天作准备。 男主人的工作一直比较多，所以会抓紧时间继续工作	男主人现处于创业阶段，所以工作比较忙，没有太多的时间陪家人。两人很少有交流	每天的晚餐是两个人主要的交流时间	两个人的交流比较少，所以男主人会在每周末主动做一顿午饭，来增进家庭的和谐

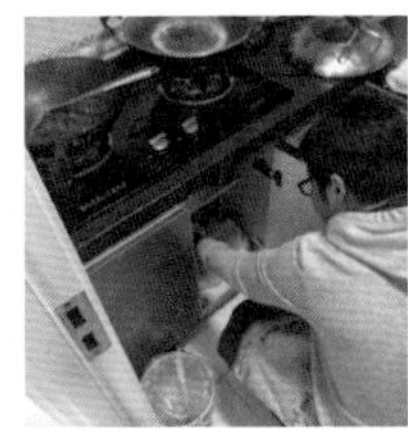
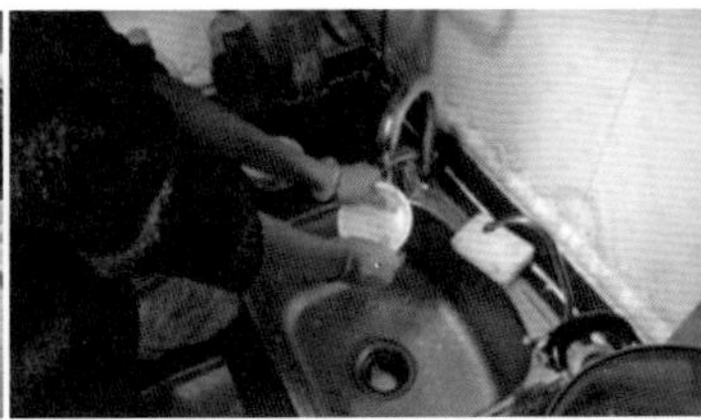

时间	场景	描述	相关	分析	归纳
休息日清洁	时间：13:15 环境：客厅 人物：男、女主人与其母亲 行为：清洗餐具 相关：餐具洗碗池	饭后女主人开始收拾碗筷，将厨余垃圾用报纸包上扔垃圾桶。由于厨房很小，女主人一个人在厨房清洗	杂物会放在地上和桌台上，显得些许凌乱，但储物柜已经装得很满了。没有地方，是他们最苦恼的	合理运用厨房空间可能是石先生一家目前最需要解决的事情。需要考虑将厨具根据使用程度进行码放	怎样将一个很小的空间进行有效利用？如何减轻清洗的苦恼？

前期研究 调研输出

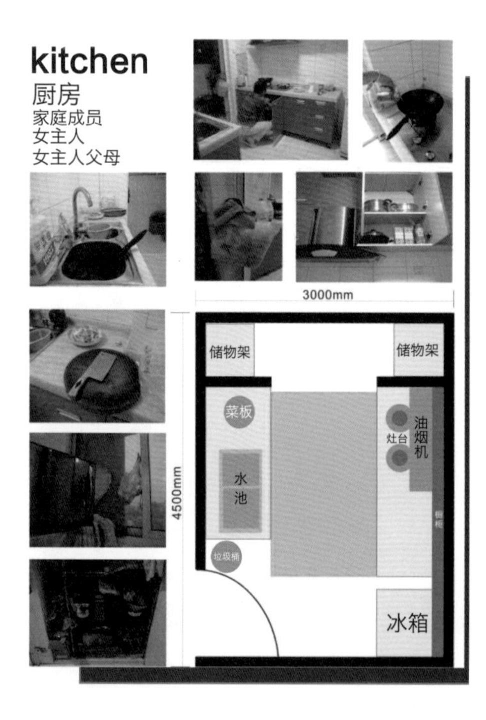

- 由于空间小，清洗餐具不方便。
- 厨房的边角都利用起来,但空间还是不够。
- 光线不是很好，白天也需要开灯。

三餐饮食

- 早餐快速，不注重营养，吃饱就行。
- 工作日的中餐都是外卖或在附近吃。
- 家里不工作的人会为工作的人服务。
- 每个月会出去吃一两顿，改善伙食。
- 有家庭的特别是有小孩的会更加注重食材的“安全”。
- 挂钩、冰箱贴等体现出主人小情趣。
- 吃的时候会同时看电视、玩手机等。
- 垃圾不会作分类处理，因为楼道里没有分类的垃圾桶，而且作分类的话会占用更多的空间。
- 单身族一般不作饭，费时费力，不一定好吃。

共性与个性

厨房

- 厨房空间小，台面比较小，操作不方便。
- 墙上的插座位置不合适。
- 油烟机因为厨房空间小，不易清洗。厨房中插座的位置不佳，影响使用。
- 为了方便，调味瓶一般摆台面，占用了很大的空间。

前期研究 设计机会

安全

· 有质量保证的商店
· 网上购买食物
· 特殊人群健康食物
· 低污染、少添加剂
· 厨具用品的分类使用
· 就餐场所的卫生保障
· 化工清洗剂的利用
· 清洁用具的存放
· 剩菜的过度存放

节省

· 食材随用随买
· 速食食品
· 网络购买
· 清洁工具收纳
· 死角清理
· 料理机

交流

· 家人共同购物
· 合租网购凑单
· 关注家庭口味
· 互联网上分享取经
· 就餐分享趣事
· 异地就餐交流
· 清洁过程需要多人参与，避免劳累与乏味

环保

· 购买简装商品
· 理性购买
· 节约用水
· 避免一次性餐具
· 垃圾分类
· 避免塑料

设计目标

分析整理5个家庭样本后，输出安全、节省、交流、环保四大需求，并分层次整理出设计目标，从中选择设计关键洞察和设计与商业开发机会。

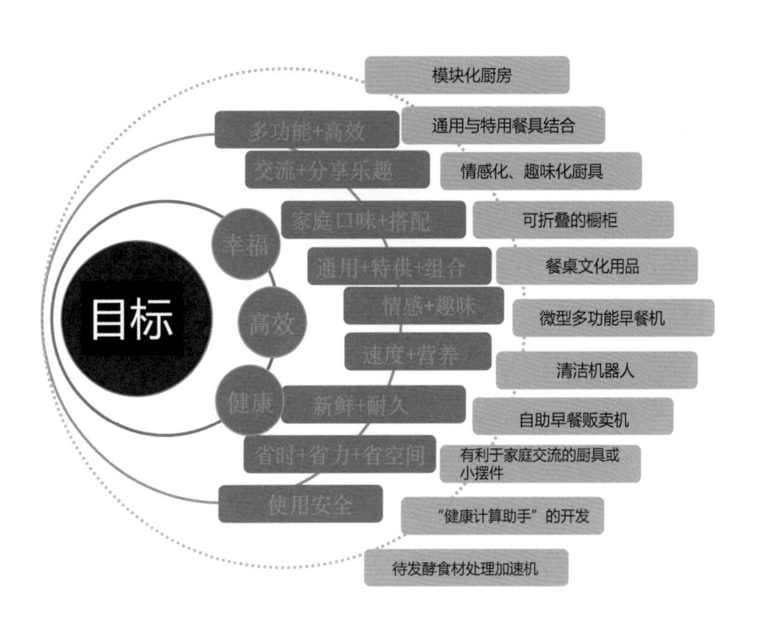

设计成果：“乡味”味道收集

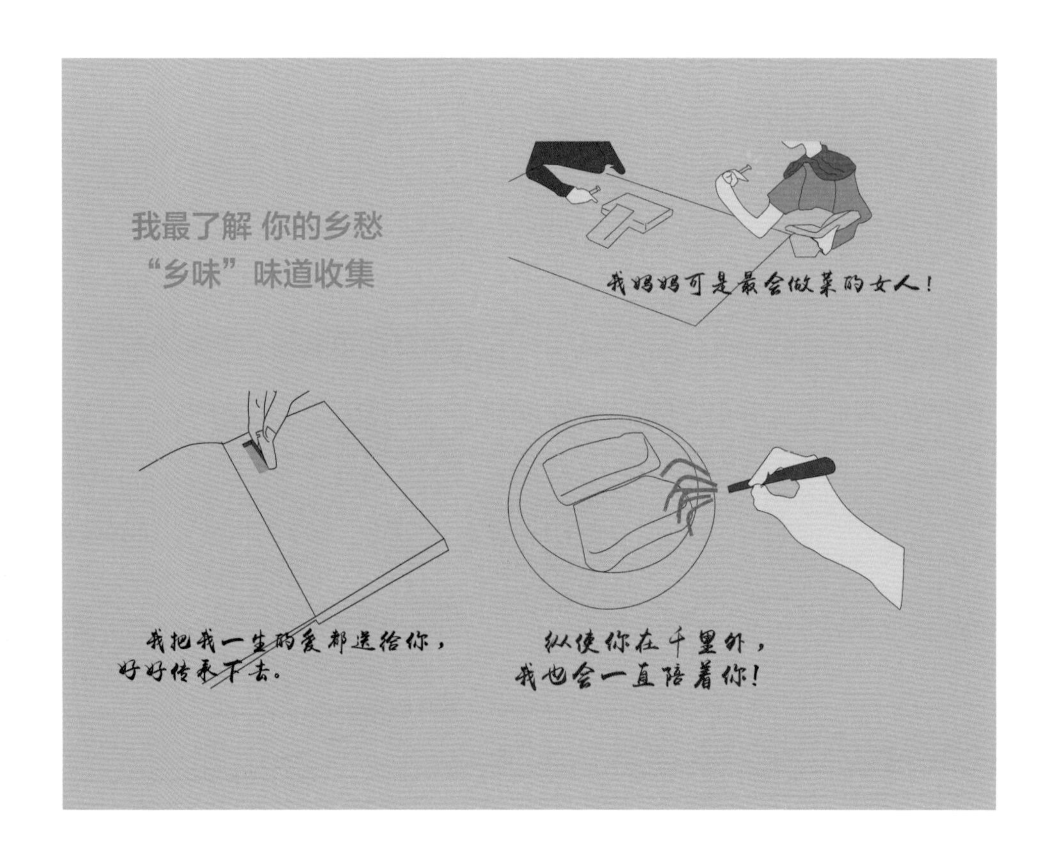
我最了解 你的乡愁
“乡味”味道收集
我妈妈可是最会做菜的女人！
我把我一生的爱都送给你，
好好传承下去。
纵使你在千里外，
我也会一直陪着你！

乡味

“乡味”是由我们与使用者共同完成的食谱，意在促进长幼两辈人之间的交流。在乡味笔的尾部有一枚气味采集器，只需对准你想采集的气味轻轻一按，便可收集。

故乡离我们很远，故乡离我们很近，故乡就存在于我们的味觉中，随着这本书，陪伴我们漂洋过海。

成长体验厨房·内蒙古生活

——内蒙古科技大学团队

面向内蒙古当地 80 后人群：年轻人与父母住得近。
观察用户下厨过程分析正向和负向情绪的点，
设计出成长体验厨房系统，
达到个人和家庭、社区联结。

Systematic

Progressive

Team

内蒙古科技大学团队介绍

内蒙古科技大学团队针对内蒙古当地 80 后人群进行调研。他们租住情况较少，年轻人与父母住得近。对 5 户不同情况的家庭进行用户调研，收集生活习惯、住房、厨房布局、下厨、就餐信息，并寻找需求。

列出整个下厨所需步骤，并分析出其中能带给用户正向和负向情绪的点，作出情感历程图，归纳为 7 项，提取其中设计机遇。

设计方案成长体验系统产品，分为两大部分，社区端包括社区公共厨房、食材种植、邻里交流娱乐；产品家庭端：包括功能模块化操作台、厨房配置可拆分共用，最终实现个人生活与社区、家庭的联结。

hon

教师访谈

赵云彦
内蒙古科技大学指导老师

编者：内蒙古科技大学可以说是在地缘位置上最特别的一个团队，帮我们介绍一下内蒙古地区的工业设计吧。

赵云彦：这次是我们第二年参与工作坊，与上一次相比更有经验，准备也更充分。今年的选题为 80 后租住一族的厨房，主要考察内蒙古当地的目标群体。目前内蒙古很多资源型城市正在向地方文化和设计方向转型，如包头这样依靠工业国企的城市就正在发展学校相关教育。内蒙古科技大学也长期开设有特色学科与专业，包括蒙古族文化研究、民族旅游业等。因此本次团队也希望作出符合所在省市转变的设计。

编者：在调研中我们看到内蒙古年轻人的生活与其他地区有所不同，不论是住房习惯还是生活节奏。

赵云彦：是的，与其他城市不同，内蒙古 80 后的租房者不多，本地人基本结婚后都有自己的房子，外来人员也较少。一个特色是内蒙古的租房主要是针对学区房，为了让孩子上好学校而较风靡。另一特色是内蒙古年轻家庭的厨房利用率很低，因他们多住得离父母家近，常会选择去“蹭饭”；周末又可能把孩子放到父母家，小夫妻出去吃。虽然面对的问题与其他组看似一样，但背后的原因不同，设计点也要区分开。

内蒙古地处中国北疆，城市生活方法具有鲜明的地方特色。从此次调研情况看，80 后们的城市生活亦呈丰富形态发展。总体上以租住形式为主，一般时间跨度在 3~5 年左右。

编者：在方案设计的过程中，出发点是怎样的？是否也延续内蒙古的生活特点以及需求特点？

赵云彦：面对很多年轻人不做饭的情况，我们团队初步的考虑是把厨房代表的动作从“使用”转向“吃”上，强调饮食过程中的设计。我们希望侧重关注家庭间的团聚时光，厨房单纯的做饭功能在未来将会被替代。在本次工作坊中，团队还希望突出包头这样的二线城市特色，展现它作为旧工业和旧移民城市，与其他一线大城市的发展区别。

编者：近一周的时间都在接受石振宇教授的指导，石教授给同学们带来怎样的启发和帮助？

赵云彦：团队本次指导教师为石振宇教授，他在设计上有丰富的经验，在厨房文化等方面对团队进行了有效指导。尤其是他从厨房角度来维系家庭情感的概念对团队很有启发，希望能让一直被父母保护、家庭观念较弱的年轻人建立起情感联系。

前期研究：内蒙古 80 后租房厨房体验

内蒙古特色

内蒙古处于我国的北部，具有非常显著的家庭情感特征和饮食结构。区别于北上广的年轻人，内蒙古的年轻人在家庭时间分配和空间分配上更有自主性。针对当地年轻人的生活现状，我们进行了深入的入户调研。

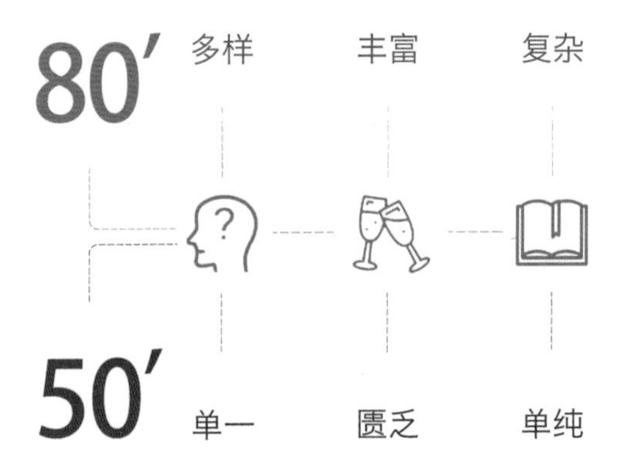

80 后与父辈的不同

- 受到改革开放的深刻影响。
- 是与改革开放同步生长的“完整的产儿”。
- 80 后一代与其父母相比，在生活经历、行为取向、信息获取和学习方式等方面存在巨大的差别。

前期研究 用户深访

马先生："家里的事儿我妻子管。"

来到这里两个月。与妻子打算在此定居，生活安排较为紧密。为人严谨，喜欢有计划的生活。

年龄：28 岁

职业：美术教师

婚姻状态：新婚

学历：硕士

生活状态

因为刚刚搬到包头，开了一个画廊。平时教学生画画，还没有固定工资，生活较为节俭。

消费取向

消费取向较为保守，因为打算在包头定居，面临买房的问题，需要两个人共同努力奋斗，一起攒钱。

饮食情况

夫妻二人吃饭比较清淡，不吃辣的，不吃海鲜，不喝酒，但是男主人喜欢抽烟。

租住情况

单租，租金 1000 元，独立开放式厨房，96 平方米 /9 平方米。

租房原因

刚刚来到这个城市，离上班地点近。

前期研究 用户深访

就餐形式

工作繁忙，中午不回家，一般和其他人在餐馆吃。为人严谨，对外卖的安全性存在质疑，认为自己做饭比叫外卖安全。会花费很多时间在家里做饭。

做菜手艺

因为是刚成家，夫妻二人还在磨合的阶段，简单菜还可以，较复杂的食物需要求助网络。

营养搭配

男主人喜欢吃鸡蛋，冰箱里较少有其他食材，营养搭配不均衡。

空间需求

厨房面积较小，需要清洗的量大，空间需求高。

前期研究 体验地图

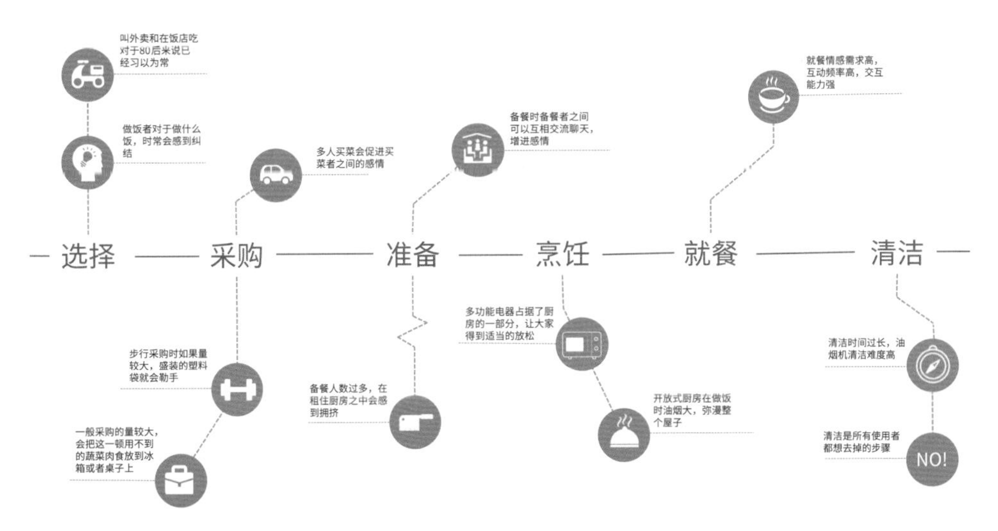
叫外卖和在饭店吃对于80后来说已经习以为常
做饭者对于做什么饭，时常会感到纠结
多人买菜会促进买菜者之间的感情
备餐时备餐者之间可以互相交流聊天，增进感情
就餐情感需求高，互动频率高，交互能力强
选择
采购
准备
烹饪
就餐
清洁
多功能电器占据了厨房的一部分，让大家得到适当的放松
步行采购时如果量较大，盛装的塑料袋就会勒手
备餐人数过多，在租住厨房之中会感到拥挤
开放式厨房在做饭时油烟大，弥漫整个屋子
清洁时间过长，油烟机清洁难度高
一般采购的量较大，会把这一顿用不到的蔬菜肉食放到冰箱或者桌子上
清洁是所有使用者都想去掉的步骤
NO!

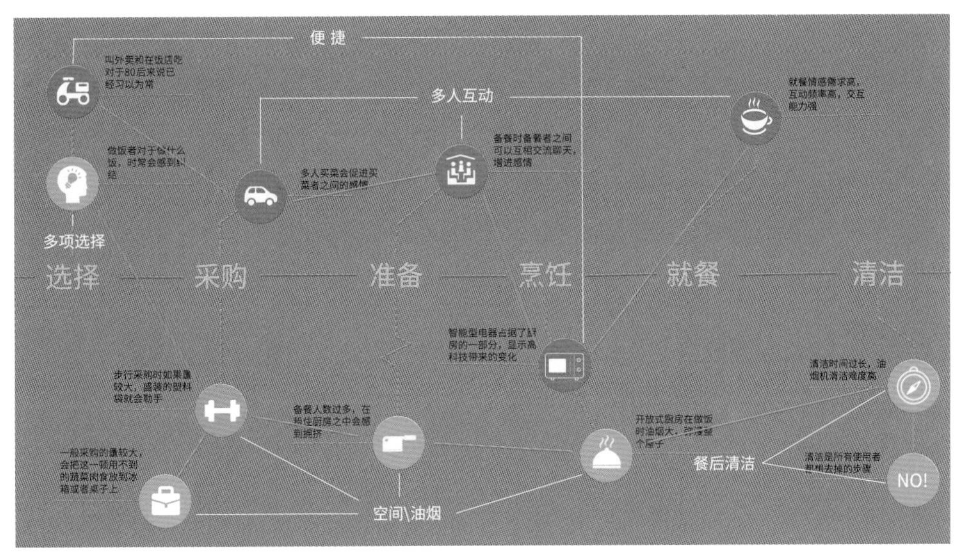
便捷
叫外卖和在饭店吃对于80后来说已经习以为常
多人互动
就餐情感需求高，互动频率高，交互能力强
做饭者对于做什么饭，时常会感到纠结
备餐时备餐者之间可以互相交流聊天，增进感情
多人买菜会促进买菜者之间的感情
多项选择
选择
采购
准备
烹饪
就餐
清洁
清洁时间过长，油烟机清洁难度高
步行采购时如果量较大，盛装的塑料袋就会勒手
备餐人数过多，在租住厨房之中会感到拥挤
开放式厨房在做饭时油烟大，弥漫整个屋子
餐后清洁
一般采购的量较大，会把这一顿用不到的蔬菜肉食放到冰箱或者桌子上
清洁是所有使用者都想去掉的步骤
NO!
空间\油烟

设计成果：成长体验厨房

· 家庭厨房成长模式
提供可横向与纵向“成长”的厨房部件
· 社区厨房循环模式
厨房单个部件能够根据个体的需求而改变，
厨房的整体结构也能根据家庭结构进行变更

设计成果 设计定位

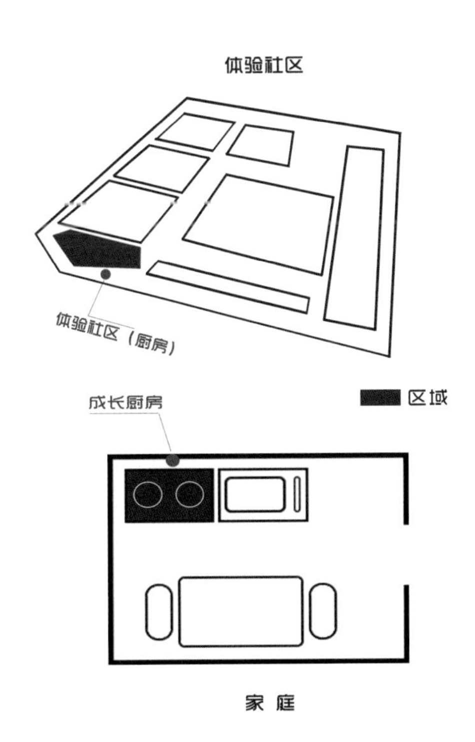

社区体验

以社区体验为基础，在家庭生活中伴随着家庭结构的变化以及成员年龄增长而设计的厨房系统。社区的红区作为中央厨房，为人们提供了体验、有机蔬菜种植、半成品配送、交流空间并节省就餐环节中不被认同或更高需求的服务，在体验中收集就餐人数及各部件使用频率，有针对性地为人们提供家庭厨房的必要部分、人机工学尺寸以及色彩搭配情感建议等。

个人：树立家庭观念

让人在快节奏的生活中体会到一个家应该有的样子，随着时间的推移家人的感情会越来越稳固。

家庭：促进情感交流

多人备餐也会拉近彼此之间的关系，争取做到不是只有通过屏幕才能沟通，而是让大家回归真正的生活。

时间：择悦而制

用户可以根据自己的喜好，选择想要进行或者忽略的步骤。

时间：因时而易

根据家庭成员结构的变化及使用者年龄的成长，厨房部件结构也随之改变。

社区厨房体验中心

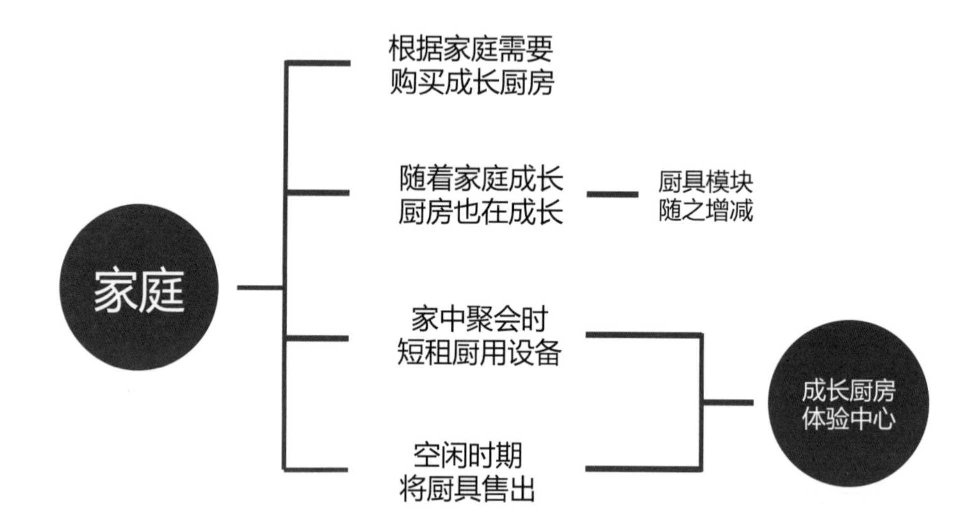
家庭
根据家庭需要
购买成长厨房
随着家庭成长
厨房也在成长
厨具模块
随之增减
家中聚会时
短租厨用设备
空闲时期
将厨具售出
成长厨房
体验中心

家庭成长厨房

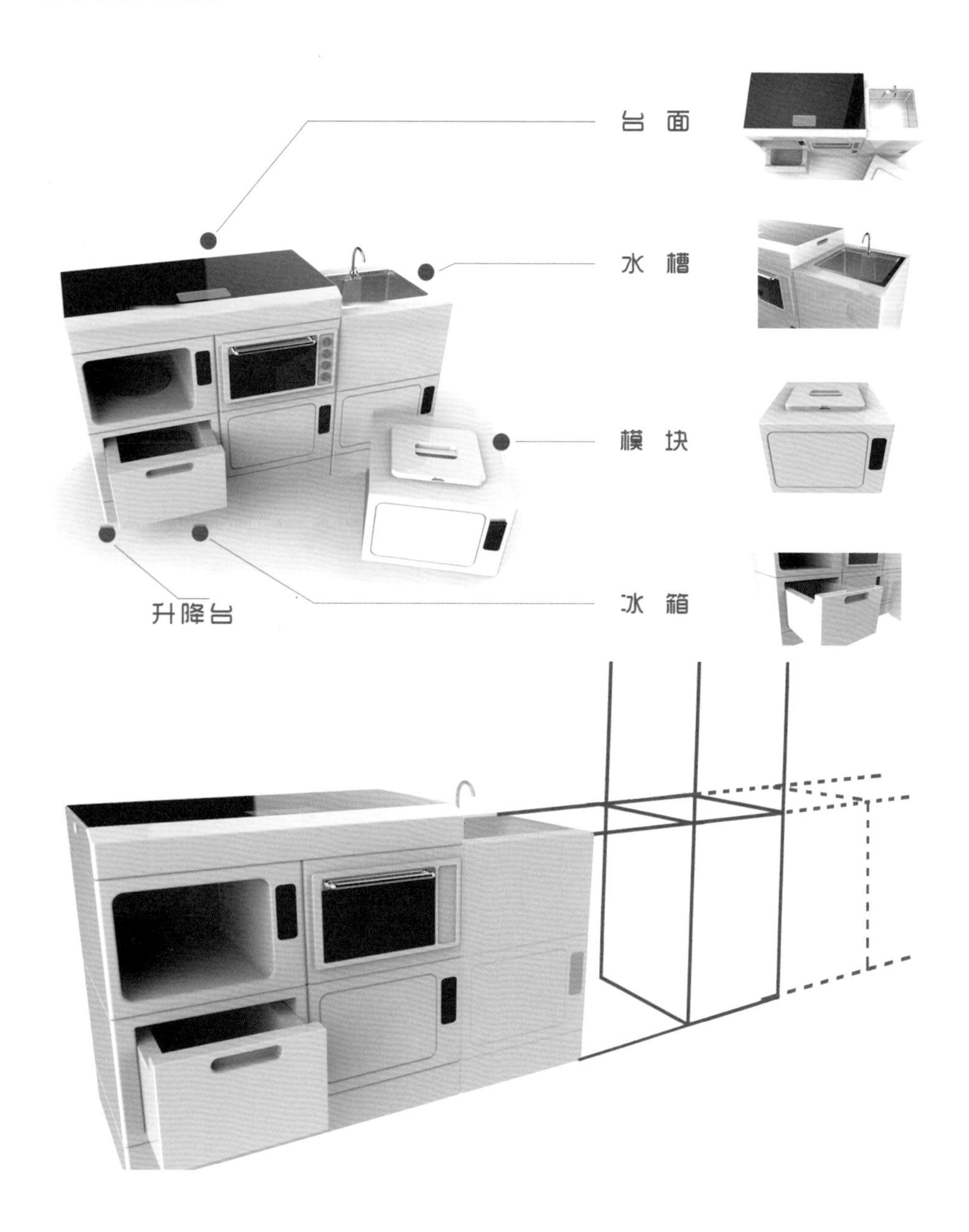

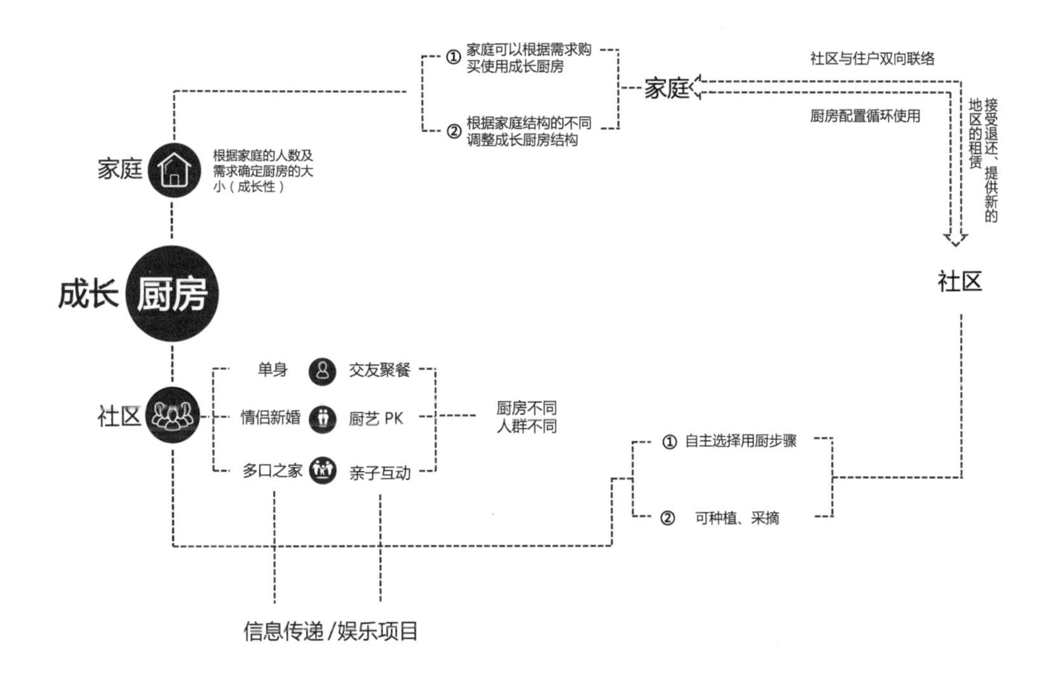

成长体验厨房系统图

家

1. 家庭可以根据需求购买成长厨房。
2. 根据家庭结构的不同购买成长厨房。

家 + 社区

1. 家庭可以向社区租赁厨房。
2. 旧的厨具可以重新收回到社区。

社区

1. 为单身、二人世界、多口之家提供不同情感交往渠道。
2. 可以省略不想做的环节，种植蔬菜并采摘。

社区 + 家

1. 社区可以提供租赁。
2. 接受退还，提供新地区的租赁。

动态冰箱 · 台湾生活

——台湾交通大学团队

从 90 后人群的家庭料理中挑出典型食物，
由台湾家常菜入手，分析特定人群特征，
提取生活场景中下厨动机、目的和困难。
经过头脑风暴、词汇联想等确定方向：
Fridge to go 动态化冰箱。

Sensitive Distinctive Team

台湾交通大学团队介绍

台湾交通大学的团队在前期调研汇报中让人眼前一亮：从三种台湾日常家庭中最常见的菜品入手，分析餐食背后特定人群特征，找到了三类典型人群：共用厨房，快食族，东南亚移民。

接着从三类人群的生活场景中提取下厨动机、目的和困难。并建立序列模型分析，从下厨步骤中提炼需求。

在设计方案阶段，团队找到了冰箱这一使用频率高的接入点，从使用者角色转换和冰箱使用空间转换两个需求入手，设计出 Fridge to go 动态化冰箱的概念。利用磁制冷技术原理，实现动态便携模块、废热利用 、个人化空间配置、便携可移动等功能，通过 APP 远程控温和管理食物。

教师访谈

庄明振
台湾交通大学团队指导老师

编者：台湾交通大学的同学们是第二次参与工作坊的设计竞赛了，有什么对比吗？

庄明振：今年是第二次参加工作坊活动。与我参加过的其他工作坊相比，北滘工作坊的主题一直在厨房设计上延续，同时会让学生事先进行调研工作，这样会让团队更充分地进行准备。另一个优点在于，各团队仍可以着眼于各地区的发展上，不会被主办所在地域局限住。我认为这种集合各地设计团队相互切磋的方式很有意义，值得延续下去。

编者：今年团队前期研究的出发点是什么？

庄明振：我们团队前期调研面向90后人群，从晚餐记录入手，在众多饮食方式中选择出三种较有特色的点进行调研展开。

编者：看到你们的研究非常有台湾地域特色，给人眼前一亮。

庄明振：台湾和大陆在租房背景上就有差异，因此对应各地厨房使用有所区别，我们的指导教师石振宇教授也希望从这个角度启发学生。例如台湾年轻人很少选择合租或合用厨房，因为他们更重视个人隐私，不愿意长期与他人共用；又如台湾的套房中经常不配备厨房，在当地丰富的小吃文化下，厨房并非必需品。

“台湾的套房中经常不配备厨房，在当地丰富的小吃文化下，厨房并非必需品。”

也有一些问题是我们都要面对的，比如现代厨房设计中更倾向欧美，以卖橱柜为主；出租房的厨房自主使用性低，无法按照自己需求更改结构等。

编者：这次主办方特地将您的团队安排入驻台湾工业设计公司：脉拓设计，同学们在公司里的几天有独特的收获吧？

庄明振：是的，刚进入脉拓设计时，公司创始人黄先生就向同学们展示了公司设计的厨房用具、电器等代表性产品的设计过程，同时也与学生讨论了产品售卖及品质控制等的情况，以及作为台湾人在大陆创业、工作中感受到的文化差异。

编者：最终的设计方案是如何产生的？

庄明振：过程中团队采用了头脑风暴和矩阵设计思维等手段，列出厨房面临的问题与对应设备关键词，并将其交叉寻找解决可能性。最终锁定了冰箱这一有动态需求变化的产品上。

前期研究：台湾家庭料理的典型情景

台湾寻常人家的晚餐

这几张照片调研自台湾普通家庭中晚餐的菜品，其中有三道家常菜是常见且有代表性的。团队选取三道菜背后代表不同生活方式的三位用户，进行深入调研。

前期研究 用户调研

Shirley

年龄：24 岁

地域：台北

职业：广告公司初级设计师

Scenario

雪莉毕业后在广告公司工作。由于台北的房价极高，她租了一间与他人分享的房屋。她经常在外面吃早餐和午餐，但是由于健康原因她想自己做晚餐。然而，通常在疲惫的工作日之后，虽然她很想做饭，但是太累了，不能处理这个复杂的任务，所以她每周只做几次。除此之外，由于刚和室友住在一起，还不太熟悉彼此，很难一起做饭，分享菜肴。所以有时她邀请朋友来做客和做饭。

动机

这个月她经常和同事、朋友出去吃饭，花了很多钱。她决定在家里养成习惯每周做四次饭，以节约开支。

目标

节省开支，过上更健康的生活。

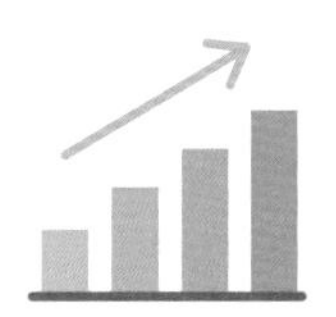

用户研究 任务观察

任　务：烹饪。
意　向：建立烹饪习惯。
触发器：降低生活成本，和朋友一起煮饭释放工作压力。

挫折

- 一个人很难做饭。 通常必须购买一定量的食材原料，但在它们的保鲜期内却不能完成食用。
- 分配烹饪工具和装食物容器的空间很困难。并且，共用冰箱里的食物令人困惑，经常很难分辨出属于谁。
- 厨房应该清理干净吗？ 清洁工作的分配令人困惑。

序列模型

- 下班后开车回家路上购买食材。
- 加工食材：除霜，冲洗，切块，切丁，等待朋友一起做饭。
- 一起做饭：一个主菜、两个配菜和一个汤（炒，蒸，煮）。
- 在餐桌上吃饭时聊天。
- 一起清理厨房。

问题

- 共享厨房中有太多的个人物品使空间狭窄。柜台太小，不能同时处理各种食材。
- 只有两个炉灶，只能同时煮两道菜。当一道菜做好时，另一道菜常常已经变冷。
- 烹饪气味影响其他人。
- 没有人愿意洗碗。
- 水槽太小，不能同时洗涤所有的餐具。
- 没有足够的地方让所有的碗筷滤干水。

前期研究 用户调研

Crystal

年龄：27 岁

地域：新竹

职业：平面设计师

Stacy

年龄：27 岁

地域：高雄

职业：学校管理员

工作的妈妈

Rimba

年龄：27 岁

地域：台北

职业：台北大饭店员工

印度尼西亚人

设计成果：Fridge to go

After graduation
毕业了

Going out picnic with friends
与朋友外出野餐

Get married
结婚了

Having baby
有了小宝宝

Going to
the market
去菜市场

You shouldn't
buy it!
家里还有，别买！

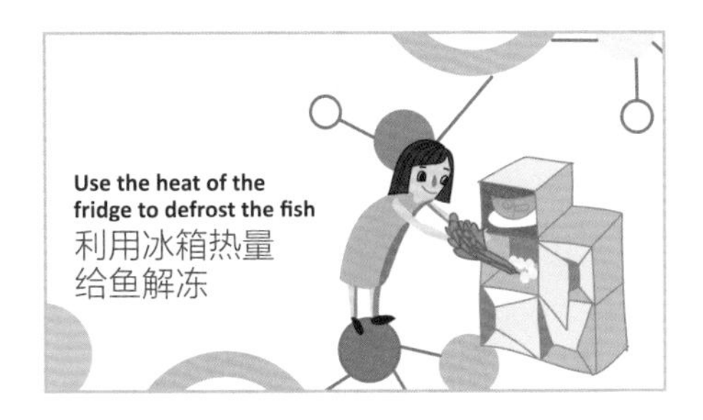
Use the heat of the
fridge to defrost the fish
利用冰箱热量
给鱼解冻

Happy meal with family
幸福晚餐

设计成果 需求定位

空间使用需求的转换

冰箱空间的使用情况依使用者不同而有所差异。在中国有 41.67% 的人反映冰箱空间不足，然而，在某些小家庭或单人租屋的厨房中，则可能平时只使用了大概一半的冰箱空间，但在特殊节日或聚会等特定情况时，需要准备大量食物，就又会需要较大的存放空间。对于冰箱空间的需求随着使用者及情境的变化增减。

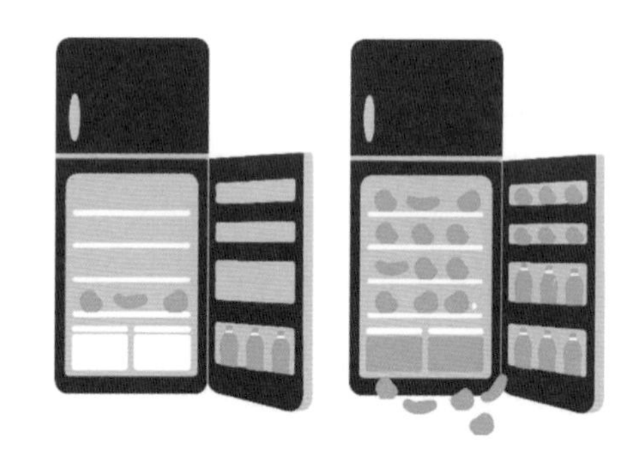

使用者的角色转换

厨房空间	小房间	有限厨房
容量	小	更大更复杂

单身 ——→ 完整家庭

· 购买与存放
· 乐活野餐

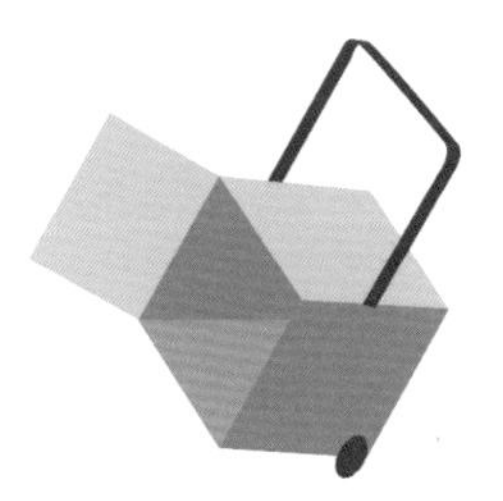

· 将冰箱的散热需求变成
可以使用的热能供给

· 个人化空间配置

技术依据

利用磁热效应的原理，取代传统压缩机，不但改善冰箱噪声的问题，此外，磁制冷的技术以水基溶液取代氟氯化物，是较为环保的制冷技术。

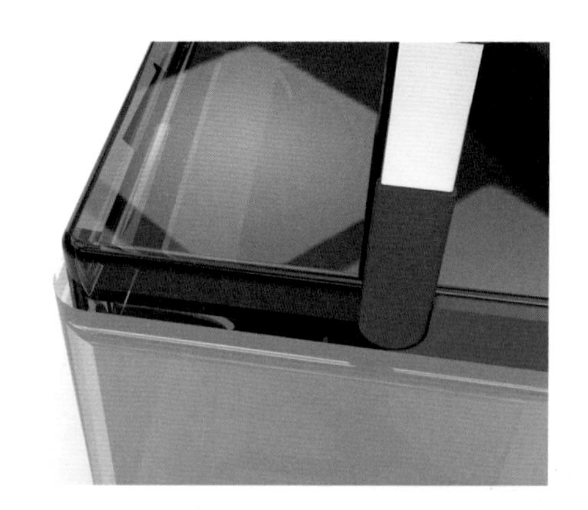

食物管理系统

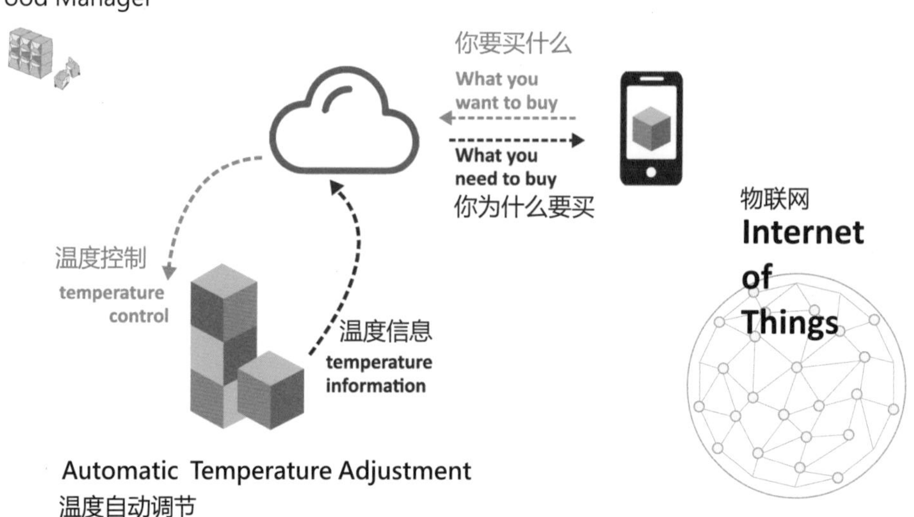

第六届中国工业设计
北滘论坛 闭幕
全部结束
“最佳设计团队奖”

第四单元

工作坊总结

>> 工作坊评比规则介绍
>> 评议组成员
>> 教师总结

工作坊评比规则介绍

协同创新设计工作坊充分利用各方的功能与资源优势上的协同：广东顺德的家电优势产业集群，广东工业设计城的设计孵化基地，国内外顶尖设计高校的设计研究力和青年设计师的创造力。在工作坊中导入和建立协同设计创新机制在操作上具有一定挑战，但是经过 6 年的实践摸索，已经取得相当的社会效应。

虽然工作坊在最后阶段有评价环节，但并不采用排名方式进行最后的定论。通过最佳创意、最佳表达等几个特色奖项对某一方面较为突出的团队进行鼓励，让学生们在参与过程中放下负担，不去过多计较成绩，充分专注于设计本身。

评审邀请了包括制造企业负责人、设计企业的设计专家、高校设计教授、协会负责人等多元化背景的评委，有的立足于商业价值，有的侧重于设计突破，或者更看重学生的训练和成长，从提问和点评上丰富了工作坊的交流方式和质量。

评议组成员

评审主席

柳冠中　清华大学设计战略与原型创新研究所所长

评审专家

汤重熹　广州大学艺术设计学院院长

胡启志　广东省工业设计协会会长

周红石　广东省工业设计协会秘书长

余少言　万家乐燃气具有限公司总经理

袁小伟　中国国家标准管理委员会/全国人类工效学标准化技术委员会专家委员

李泽田　广州大业工业设计有限公司总经理

评审老师

Justus Theinert　外方指导

石振宇教授　中方指导

岳威老师　清华大学

沈杰老师　中南大学

杨莉老师　北京印刷学院

庄明振老师　台湾交通大学

杨静老师　台湾云林科技大学

张曦老师　广东工业大学

沈杰老师　江南大学

赵云彦老师　内蒙古科技大学

王雅溪老师　武汉工程大学

教师总结

柳冠中

清华大学艺术与科学研究中心
设计战略与原型创新研究所 所长

厨房不仅仅是简单的生活空间，它还是社会关系、生活方式的一个“镜像”。它在诉说着我们是谁，我们如何生活，以及我们之间的不同。工作坊重视前期的设计研究工作，各学校团队在当地展开用户研究和现场调研，在真问题、真情景的基础上做设计提案。工作坊强调产学研的协同创新，集合各方的功能与资源优势：广东顺德的家电优势产业集群，广东工业设计城的设计孵化基地，国内外顶尖设计高校的设计研究力和青年设计师的观察力、创造力。

中国厨房到底应该如何设计，这是中国厨房协同创新设计工作坊持续六年的主题。对厨房的认识绝对不是过去大家庭的延续，也不是厨具繁多、豪华奢侈的西式厨房，我们的设计理想是走自己的路，设计中国的生活方式。开展以“中国厨房”为对象和课题的设计基础研究，解决产业设计创新面临的共性课题和难题，逐步形成行业设计标准，从而形成更良好的产业发展环境。

设计是为了发现、分析、判断和解决人类生活发展中的问题。人类进步的每一个里程碑都是对自己认识水平的否定，是从不同角度、不同层次对已被认可的“名”“相”的否定。中国厨房协同创新设计工作坊作为高校、企业、产业、园区等多方协同创新的结果，为厨房基础研究搭建信息共享、交流的桥梁，启发师生、企业进行深层次的思考和研究。

石振宇

清华大学艺术与科学研究中心
设计战略与原型创新研究所 副所长

本届工作坊的设计作品与前几年比有很大突破，虽然你们的突破并不一定为人认知，但这种进步仍有重要意义。同时对于最终评价，由于各评委与学生的评价角度有所不同，评委之间也有更侧重商业或设计突破的差异，因此学生们不用有负担或过于计较。

我同样要评价有关计算机对设计限制的问题。人类的思考很容易受到工具的限制。我的学生可能都清楚，我在工作时很少使用计算机，而是强调手绘的重要性。在我看来，计算机的主要用途是管理和生产，而不是完全为设计服务。计算机很难还原人类的思考，但设计师们在计算机面前迷失了自身。

另外，看到本次有提出可持续理念的作品，我也要对此略述一二。我尤其提倡中国设计重视可持续观念。欧美国家已习惯于环保观念，如在美国的偏远小镇上都会出现二手商店。而国内的环境观念相对较差，因此如何在中国可持续发展也是重要的课题。

我认为，中国设计要提出符合我们国家、我们自身情况的创意，希望同学们能提出新观念。没有创新的生产就只是手艺人，而将新观念融入后，相信我国的设计将会越来越进步。

尤斯图斯・泰纳特

Prof. Justus Theinert
德国达姆斯塔特技术应用大学工业设计系主任

论坛演讲中，Massimo Farinatti以自然、材料和艺术的关系为主题，在现代设计中这确实是非常需要关注的议题。目前，德国设计开始进入瓶颈期，主要体现在功能主义倡导者过于关注功能，使得所有产品都是一样的风格和形状：规整的边角与方方正正的造型。这一方面是由于“少就是多”的主导思想太深入人心，另一方面则是因为工业生产有所局限，生产复杂的外形对技术和资金要求太高。

其中，后者就是计算机和技术对于设计可能性的限制。但悲哀的是，人们逐渐习惯了规整简洁的审美，愈发认为这就是设计应有的标准。同时各设计奖项也在促成这种局限，让设计师更倾向于标准化和功能化的产品设计。设计师需要认识到，计算机软件是由工程师而非由设计师开发，因此这种工具先天就缺少对设计的适应。

因此，我鼓励学生们多进行探索，多学习手工艺，利用这些让自己的设计散发出更多的可能性。

蒋红斌

清华大学艺术与科学研究中心
设计战略与原型创新研究所 副所长

中国厨房协同创新设计工作坊持续六年的连续举办意义深远。它不只是一种坚持，它还是一种反映，反映支持我们举办工作坊的地方政府——广东省北滘镇政府——对工业设计的高度认识和重视；反映当地产业和实业界对设计创新的需求和拥护。它也不只是一个标杆，它还是一个主张，主张中国设计创新的根本动力来自于关心自己的生活质量，将设计的学问与当下实际的百姓生活联系在一起；主张设计创新不是空穴来风，设计的工作基础来自于设计严谨而周密的调查研究和综合分析。此届的工作坊涌现了许多感人至深的提案，它们不仅来自于师生们近十天的现场工作，更凝结了他们在集结设计城之前的半年中认真而辛苦的调研。这些来自当地使用人群的特征和要求，为设计创新工作坊的参与者编织出了一张值得分享、相互启发的信息网。让交流和激荡变得炙热和富有建设性。

工作坊的交流表明，开放、广泛地联合各设计高校志同道合的教师至关重要。只有共筑学术的良好风尚，才能获得超越学术本身的价值。工作坊的组织说明，中国设计的社会组织形态极具潜能。良好的设计组织，会将设计园区巩固成坚实的专业基地，会给当地的企业赋予更多的创新空间，会把地域性集结的产业联盟汇聚成优质的促进资源体。工作坊的成绩证明，设计创新是人类智慧可贵的花朵，坚实的设计研究则是创新最可爱的基石。

沈杰

江南大学带队老师

在北滘开设的中国厨房工作坊是一次很好的锻炼机会。本次北滘提供了优质的条件，为我校活动团队给予众多支撑，在诸多细致入微的方面也有良好体验。同时我也为我校学生感到骄傲，他们能在这样的平台好好表达出自己的想法，这是非常重要的素质。

最近我校也参加过其他地方组织的设计活动，其中包括由来自投资领域、企业界等主办的比赛。我很希望能听到来自各界对设计的不同声音，有机会的话希望在评审中引入更多企业界、设计公司的声音。

首先非常高兴和荣幸能够来到这里，并感谢主办方给我校难得的机会，来这里与各校一起交流和学习。

我校团队最初思考方案时曾陷入不确定感，但在石教授和柳教授到访和辅导后，受到很多启发，对我们的设计有了信心和动力，同时与他们面对面的交流对学生也是一次很好的学习和进步机会。

对于这次的获奖和高分数我们感到十分惊喜。虽然武汉工程大学的名气、地位和历史深度都弱于清华等大学，但是我校的学生们仍非常努力，相信通过我们的实力、热情和认真工作的态度，最终能在这个设计舞台上发声。

王雅溪

武汉工程大学带队老师

庄明振

台湾交通大学带队老师

我首先对主办方连续三年邀请我们参加表示感谢，这也是我校首个与之合作的大陆设计工作坊，希望能借此机会将台湾设计展示给大陆的师生。在我参与过的设计工作坊当中，我觉得这个工作坊最好，成果大概也是最辉煌的。在近几次活动中，也可以感受到工作坊在不断进步。

假如说有什么建议的话，希望工作坊期间能有更多机会让各校间产生交流。本次能汇集各地学校，机会非常难得，但因时间紧凑所以交流时间较少，略有遗憾。

最后对我校团队表示非常骄傲，祝贺他们在这么短时间内完成令人满意的作品。最后感谢指导老师和主办单位的帮助。

张曦

广东工业大学带队老师

这是我校第一次参加工作坊，也是临危授命得到中国厨房的设计任务，非常感谢指导教师对我校团队的细心指导。我作为新老师带队经验较少，因此本次机会对于我校师生双方都是一次快速成长和历练的机会，是一次难得的体会。

杨静
台湾云林科技大学带队老师

我 6 年来曾多次带学生到大陆交流，这是第 4 次参与大陆的设计活动，也是一次很荣幸的机会。我校很重视这次邀请，一接到设计课题后就开始计划活动，希望把台湾的状况介绍给大家作交流。

在第一天的调研汇报中，我们见识到大陆学生在思维、逻辑上的秩序，同时内容和发言上的节奏等都把握得很好。虽然我校学生在表达方面没有大陆同学优秀，但我们也充分发挥和展示了我们的调查研究。

在工作坊进展中，我们团队的指导教师 Theinert 教授很认真，甚至有一天是上午来一次、下午来两次指导，给我们很大帮助，让学生发散并灵活化思维。期间与大陆同学的交流也非常融洽，同时见识了大陆同学的工作态度和效率。最后一天时，我们团队到凌晨 6 点才交稿，节奏相对较慢，但是也很高兴能够得到这样的成果。我校的学生团队非常认真，相信这次经历对这四位同学都是很宝贵的体验。

非常感谢主办方邀请我校来到北滘，与在座各位师生共同参加工作坊活动。虽然这是我校第一次参加工作坊，准备较仓促，但在石老师基于中国生活文化的指导下，学生受到很大启发和鼓励。

我非常认同本次工作坊的主题，通过让学生们去调查 80 后和 90 后的生活方式，进而让他们接触到更多年轻人，面对他们的生活，并促进学生重新思考自己将面临的，以及希望拥有的未来生活。本次活动已经结束了，但是大家的设计、大家的设计生活，以及对未来设计的思考可能才刚刚开始，希望大家都有一个美好的未来。

杨莉

北京印刷学院带队老师

赵云彦

内蒙古科技大学带队老师

首先要感谢主办方和清华大学给我校这次机会。今年是我校第二次参加这个学术月活动，我们非常珍惜在这个舞台上展示我校学生团队能力，并让内蒙古科技大学工业设计专业为人所知的机会。本次工作坊，我校的方案更偏向理想化的预想，在落地层面还需要努力，不辜负评审团队的肯定。最后要感谢各团队师生一起的努力和支持。

附录

>> 本届工作坊获奖名单
>> 工作坊团队师生列表
>> 工作坊现场照片集锦

MAKE

第八届清华国际艺术·设计学术月
The 8th International Art & Design
Academic Month of Tsinghua University

2016’第六届
中国工业设计
北滘论坛
协同创新设计
工作坊

2016
the 6th Tsinghua
Summit Conference on
Design Promotion
Collaborative
Innovation Design
Workshop

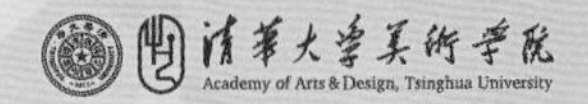

清华大学艺术与科学研究中心
设计战略与原型创新研究所
Art and Science Research Center, Tsinghua University
Institute of Design Strategy and Prototype Innovation

广东 · 北滘 广东工业设计城
Guangdong Industrial Design City, Beijiao, Guangdong

本届工作坊获奖名单

最佳设计表达奖： 武汉工程大学

最佳创意奖： 清华大学

最佳设计成果奖： 台湾云林科技大学

最佳团队奖： 台湾交通大学

评委主席特别奖： 内蒙古科技大学

优秀奖： 江南大学

中南大学

北京印刷学院

广东工业大学

工作坊团队师生列表

清华大学团队

团队教师：岳威

团队成员：王婷婷 江波
刘景景 韩梦

江南大学团队

团队教师：沈洁

团队成员：邓丹妮 梁罗玉
藤依林 张晶晶

台湾交通大学团队

团队教师：庄明振

团队成员：黄　轩 廖佳盈
叶南菱 郭芷廷

台湾云科技大学团队

团队教师：杨静

团队成员：钟雅竹 萧伃廷
许家瑗 何桂琪

武汉工程大学团队

团队教师：王雅溪

团队成员：王文娟 郭浩东
张　晟 司徒民媛

中南大学团队

团队教师：刘磊

团队成员：郝涔钧 尹芷君
江振棋 董沁宇

北京印刷学院团队

团队教师：杨莉

团队成员：张　茜 张雯旭
高博伦 张志勇

广东工业大学团队

团队教师：张曦

团队成员：谢　理 李　珺
戴泽南 雷嘉敏

内蒙古科技大学团队

团队教师：赵云彦

团队成员：曹一帆 高宇佳
金志强 郑　淇

工作坊现场照片集锦

“中国厨房协同创新设计工作坊”现场从 2016 年 12 月 3 日开营到 12 月 8 日结束，全程历时 6 天。在这 6 天里，来自全国各地 9 所高校的师生们齐聚广东工业设计城，围绕中国厨房协同创新设计工作坊的主题，热情交流，相互学习，积极探索。在这里，大家收获了知识、见解、方法和友谊。

工作坊开营

嘉宾以及各院校师生到达现场签到，并进行前期预调研成果的汇报。

交流学习，展开设计

专家导师对各团队的设计任务进行指导，师生们相互讨论，交流学习，展开设计。

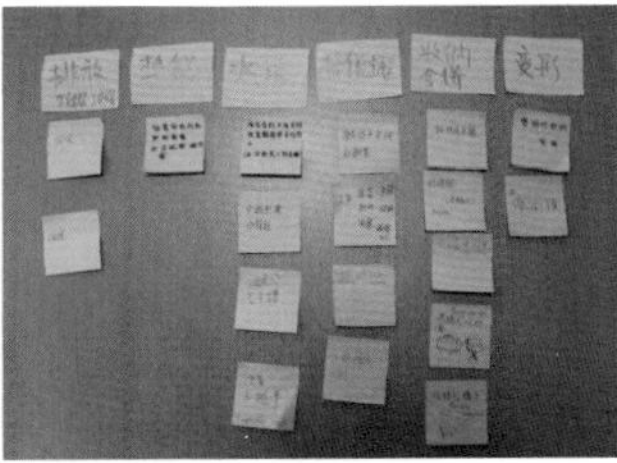

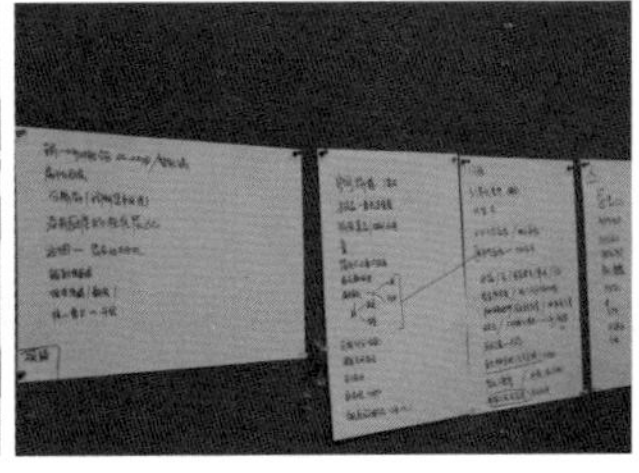

成果汇报，点评交流

各团队针对工作坊设计成果进行展览和答辩汇报。专家导师以及企业代表提问点评。

颁奖，合影留念

根据评委打分评出各奖项获奖团队，现场嘉宾为获奖团队颁奖，师生们相互合影留念。

ART
DESIGN
第八届清华国际艺术·设计学术月
The 8th International Art & Design
Academic Month of Tsinghua University

2016’
2016’ the 6th

清華大學美術學院
Academy of Arts & Design, Tsinghua University

GIDC
清华大学艺术与科学研究中心
设计战略与原型创新研究所
Art and Science Research Center, Tsinghua University
Institute of Design Strategy and Prototype Innovation

届中国工业设计北滘论坛
a Summit Conference on Design Promotion